信息时代数字媒体艺术专业系列教材

# 网站策划与设计

# Website Planning and Design

陈超华　朱颖博　著

北京邮电大学出版社
www.buptpress.com

# 内 容 简 介

本书是数字媒体艺术专业新媒体网络方向的专业教材，从网站设计思维、网页艺术风格、网页版面设计、网页色彩设计、网页元素设计等方面，对网页设计艺术进行深入浅出的讲解。书中加入了大量的精美案例设计分析，通过大量实例对比，更为直观地讲解网站设计的视觉传达知识。在教学中，教师可以结合本书实例将实践教学的比重提高，使学生通过实践完成多个完整的设计作品。项目驱动下的实践教学能够增强学生的学习动力及成就感，进一步激发学生兴趣，提升学生的设计水平。

**图书在版编目（CIP）数据**

网站策划与设计 / 陈超华，朱颖博著. --北京：北京邮电大学出版社，2014.8(2024.12重印)
ISBN 978-7-5635-4105-8

Ⅰ. ①网… Ⅱ. ①陈… ②朱… Ⅲ. ①网站－设计－高等学校－教材 Ⅳ. ①TP393.092

中国版本图书馆CIP数据核字(2014)第185902号

| | | |
|---|---|---|
| 书　　　名： | 网站策划与设计 | |
| 著作责任者： | 陈超华　朱颖博　著 | |
| 责 任 编 辑： | 何芯逸 | |
| 出 版 发 行： | 北京邮电大学出版社 | |
| 社　　　址： | 北京市海淀区西土城路10号 （100876） | |
| 发 行 部： | 电话：010-62282185　传真：010-62283578 | |
| E-mail： | publish@bupt.edu.cn | |
| 经　　　销： | 各地新华书店 | |
| 印　　　刷： | 保定市中画美凯印刷有限公司 | |
| 开　　　本： | 787 mm×1 092 mm　1/16 | |
| 印　　　张： | 10 | |
| 字　　　数： | 198千字 | |
| 版　　　次： | 2014年8月第1版　2024年12月第6次印刷 | |

ISBN 978-7-5635-4105-8　　　　　　　　　　　　　　　　定价：45.00元

· 如有印装质量问题，请与北京邮电大学出版社发行部联系 ·

# 编 委 会

名誉顾问：李　杰

主　　任：胡　杰

副 主 任：郑志亮　贾立学　陈　薇

编　　委：袁　琳　邱贝莉　马天容　侯　明

　　　　　陈超华　朱颖博　徐　丹　曾　洁

# 丛书总序

数字媒体产业是国家文化创意产业中的重要组成部分，为此，国家十分重视数字媒体教育与专业人才培养。据有关资料统计，截止至 2011 年，全国共有 120 余所高校开设了数字媒体艺术专业。数字媒体艺术是一个新专业，它充分体现了 21 世纪数字化生存的细分与融合，体现了艺术与技术的完美结合。如今，美国的动作大片横扫全球，占据了票房的霸主地位，以迪士尼为代表的动画片吸引了数以亿计儿童的眼球；日本、韩国的游戏、动漫产业亦异彩纷呈、蒸蒸日上；处在高速发展中的中国数字媒体产业将上演怎样的精彩呢！

随着移动互联网在全球的蓬勃发展，中国的移动互联网用户数已领先全球，同时国内数字媒体教育正以突飞猛进之势在高速发展。北京邮电大学世纪学院倡导的数字媒体艺术教育依托信息与通信领域，在移动互联网平台上打造数字媒体特色教育，建设与培养从事数字动漫、游戏、影视、网络等数字媒体产品的艺术设计、编创与制作的高级应用型专门人才。

本系列教材编委会依据数字媒体艺术人才培养规律，不断改革创新，精心策划选题，严格筛选课程，准确定位方向。所选编的教材主要涉及动漫、游戏、影视、网络四个领域，重点针对全国各地开设数字媒体艺术专业的本科院校，提供了一套较为完备的、系统的、科学的专业教材。整套教材的主导思路是重视实践案例剖析，强调理论知识积累，教材十分关注数字媒体产业的发展趋势，努力建设特征鲜明的数字媒体艺术教育资源，重视创作理念、艺术技法、科技手段，倡导"理论指导实践、实践反馈于理论"的教学思想。

此次与北京邮电大学出版社合作，正是基于该社鲜明的出版特色，信息通信领域的广泛影响，期望在此基础上全面建设数字媒体艺术的系列教材，为信息产业增添新的特色，为数字媒体教育做出新的贡献。

本套系列丛书主要由北京邮电大学世纪学院数字媒体艺术专业教研团队倾力完成，从教材总体规划、落实选题、整理资料、作者编写、后期修订到编辑出版，凝聚了众多人的心血与热情。作为培养数字媒体艺术人才的一种尝试和探索，难免存在着这样或那样的不足，衷心希望能得到业内各位学者和专家的批评指正。

《信息时代数字媒体艺术专业系列教材》名誉顾问　李杰

# 前　言

互联网对当今世界的影响是巨大的，随着个人计算机的普及、宽带互联网的飞速建设、网民年龄范围的扩大，网站已经成为一种全新的信息传播媒介。一个优秀的网站要有丰富的层次、良好的秩序、友好的可读性、舒适的艺术效果，这些都离不开网站页面的视觉设计。在信息量急速膨胀的今天，为用户提供有序、舒适的阅读体验，帮助用户快速有效地获得信息，更加成为了网站设计的重点，这一切都依赖于网站的基本单元——网页设计。

网页设计已发展为一门新兴的学科，广义上讲，网页设计是指网站策划、艺术设计、技术设计等流程的整体实现过程；狭义上讲，网页设计特指网页艺术设计。网页艺术设计并不单纯是计算机技术的运用，也是平面设计在网络世界的延伸。新的媒体和新的领域需要复合型的人才，要想成为一名出色的网页设计师既要有熟练的网页制作技术，更需要有扎实的页面艺术表现能力。网页的艺术设计，日益被网站建设者和投资者等人员所注重。

本书将网页艺术设计与其他艺术设计形式进行比较，从网站设计的建设思维、流程，网页的版面设计、色彩设计、元素设计等方面，对网页设计艺术进行了深入浅出的讲解。书中加入了大量的精美案例设计分析，通过大量实例对比，更为直观地讲解了网站设计的视觉传达知识。在教学中，教师可以结合本书实例将实践教学的比重提高，使学生通过实践完成多个完整的设计作品。项目驱动下的实践教学能够增强学生的学习动力及成就感，进一步激发学生兴趣，提升学生的设计水平。

本书主要针对高校新媒体网络专业方向的学生，内容易于理解和掌握，也可以为网页设计爱好者提供指导和帮助。感谢在本书写作过程中提供帮助的师长和同事，由于个人的能力和学识有限，书中的不足之处敬请各位读者批评指正。

# 目录
CONTENTS

# 第 1 章
# 网站设计思维

## 1.1 网站策划

### 1.1.1 什么是网站

网站（Website）是指在互联网上，根据一定的规则，使用 HTML 等工具制作的用于展示特定内容的相关网页的集合。简单地说，网站是一种通信工具，就像布告栏一样，人们可以通过网站来发布自己想要公开的信息，或者利用网站来提供相关的网络服务。人们可以通过网页浏览器来访问网站，获取自己需要的信息或者享受网络服务。世界上第一个网站由蒂姆·伯纳斯·李创建于 1991 年 8 月 6 日。[①]

随着网站制作技术的流行，图像、声音、动画、视频等媒体形式在互联网上日益普及，网站的形式变得更加丰富有趣，功能也日益增多，用户能够越来越多地通过网站进行信息的获取和交换。

### 1.1.2 网站策划

1. 网站策划的内容

网站策划需要做以下具体工作。

（1）市场分析

通过分析相关行业的市场特点、市场主要竞争者以及公司自身条件来评估网站的价值和可行性。

（2）建设目的和功能

明确建设网站的目的是树立企业形象、宣传产品、电子商务还是建立行业性网站等。根据公司的需求和发展规划，确定网站的功能类型，如企业形象型、产品宣传型、网上营销型或客户服务型电子商务型等。

---

① 维基百科 http://zh.wikipedia.org/wiki/%E7%BD%91%E7%AB%99

（3）网站技术支持方案

根据网站的功能确定网站技术支持方案，包括服务器、操作系统、建站后台、安全措施、数据库等方面。

（4）网站内容及实现方式

进行内容分类梳理，确定网站的主导航及各级导航。根据内容和网站建设目的进一步明确网站应具备的功能，如会员登录、网上购物、在线支付、问卷调查、信息搜索、流量统计、留言等功能。

（5）网页艺术设计

考虑网页艺术设计的风格和要求，注意从目标访问群体的角度出发。同时，也要制订出网页设计的改版计划。

（6）费用预算

（7）网站维护

网站维护包括服务器及相关软硬件的维护、数据库的维护、内容的更新和调整等。制定出相关的规定，将维护规范化。

（8）网站测试

网站测试包括文字、图片、链接的正确性，程序及数据库的测试等。

（9）网站发布与推广

完成后的网站要撰写网站策划书，通过策划书的形式把策划中涉及的问题细化于纸面，有序进行。

# 1.2 网站设计流程

随着互联网科技的发展和普及，计算机硬件的不断升级，网络已经是我们生活中必不可少的组成部分。计算机网络已经走进千家万户，手机网络正在迅猛崛起。在我们享受网站购物的快捷、网上娱乐的轻松、网上办公的高效的同时，也在与网站进行着越来越多的接触。在开始本节的内容之前，先请大家思考一个问题：如果要你创建一个网站，需要做哪些工作？流程是怎样的？

每一个初次接触网站设计的人对这个问题的回答都是不同的。有人回答先做美术设计、规划页面的视觉效果；有人回答找网站的运行平台、首先解决技术问题；有人回答先找技术人员进行合作协商。这些答案都是网站策划设计中的一部分，那么网站设计的流程到底是怎样呢?

图 1-1 是由 JesseJamesGarrett[①]创作的用户体验模型。这幅流程图被全世界的网页设计师所推崇,因为它形象而实际地表达了网站设计的过程。

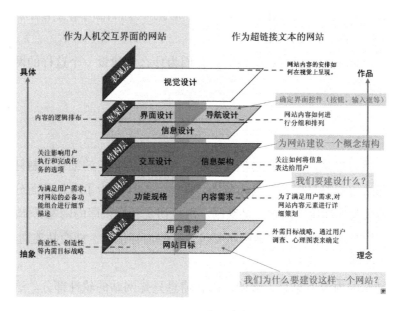

图 1-1　网站设计流程

这幅图的阅读顺序是自下而上,依次体现了网站设计的 5 个层面:战略层、范围层、结构层、框架层、表现层。其中每个层的内部都分为两个部分:人机交互部分和超链接文本部分。

## 1.2.1　战略层

战略层是建设一个网站首先要考虑的问题。在这一阶段,网站的建设者需要首先明确建设网站的目标和策略,是要建设电子商务类盈利网站、公司宣传网站还是公益网站、创意性的网站?是想通过网站进行盈利,还是想通过网站进行某种宣传和汇集?网站建设目标是网站建设者的内部需求,也就是网站所有者本身的需求。

在明确网站建设具体目标的同时,还要进行外部需求分析。包括用户需求分析、社会环境需求分析等。通过网站建设者自身的内部需求与网站外部需求的综合分析,

---

① Jesse James Garrett 是 Adaptive Path ——一个位于旧金山的用户体验咨询公司——的创始人之一。从"用户体验要素"在 2000 年 3 月初次发布到网上以来,Jesse 绘制的这个模型已经被下载了 2 万多次。Jesse 的互联网从业经验包括 AT&T、Intel、Boeing、Motorola、Hewlett-Packard 以及美国国家公众广播等。他在用户体验领域的贡献包括"视觉辞典(the Visual Vocabulary)",这是一个为规范信息架构文档而建立的开放符号系统,现在在全球各个企业中得到广泛的应用。他的个人网站 www.jjg.net 是提供信息架构资源网站中最受欢迎的一个 。

利用用户调查问卷、心理分析图表等手段，最终形成明确的网站建设战略。

在这一阶段可以提出一些常见问题并进行沟通和探讨，例如：希望通过网站提供什么信息？目标用户都是什么样的人？这些人有哪些共同特征或差异？网站的竞争对手是谁？不喜欢的网站案例是什么样的？用户看到建设好的网站会有什么样的反应？整个项目的时间和预算是怎样的？

战略层阶段解决的问题可以概括为：我们为什么要建设一个这样的网站，即建设这个网站的初衷是什么。

### 1.2.2 范围层

范围层，顾名思义，是要对网站战略层目标进行进一步的细化，制订出网站的具体内容，为网站的战略目标划定具体范围。在这一阶段，为了满足前面分析过的网站所有者内部需求及外部用户需求，必须制定出最切实和有秩序的网站具体内容。例如：要建设一个购物网站，就需要明确网站要包含哪些内容信息，如商品类别、商品描述、网站的相关链接等。

但仅有网站的内容信息是不够的，内容信息只是网站的软性部分。这些内容通过什么样的方式进行组合？用户通过什么样的方式才可以接触到这些内容？而他们之间又会在交互的过程中发生什么关系？这些都是网站的功能规格需要满足的部分。还是用购物网站举例，用户选好了数码产品中的手机，需要通过购物车，到结算中心进行结算。购物、结算、选择商品、取消选择商品、退换货、在线交流等功能都属于功能规格的描述范围。

通过范围层的完善，我们进一步明确了一个问题：我们的网站要建设什么，即这个网站都有什么内容。

### 1.2.3 结构层

在范围层明确之后，将进入网站的结构层阶段。网站的结构层会关注和实施两方面的内容是：网站的信息架构和交互设计。网站的信息架构决定了网站如何将信息传递给用户。网站建设者通过网站的范围层，将网站需要包含的具体内容细则及功能细则进行组织。网站在这一阶段将形成内容结构图，明确网站内容的信息架构，制定出网站的页面层级、每一层级的页面数量、层级与层级之间的组织关系以及每个页面内的信息含量。通过网站内容结构图将网站的信息架构体现出来。

结构层阶段还包括网站的交互设计，这里的重点是制定和考虑影响用户执行和完成任务的选项。即用户在每一个内容信息停留时的功能性可操作项，最简单的功能如前进、后退、上一项、下一项、至顶端等，随着互联网技术的发展，交互方式也在不断更新和变化，还有很多更为人性化的设计被越来越多的人采用，例如：图像的放大、缩小、旋转，内容的提交、修改以及动态网站中一些更为人性化的交互。

网站结构层的信息架构与交互设计是相辅相成的，交互设计需要围绕信息架构展开，信息架构又需要有合理的交互设计做支撑。

通过结构层的设计，我们已经能够为网站建设一个概念结构，即网站内容的层级关系。

图 1-2 是网站的概念结构图示例。

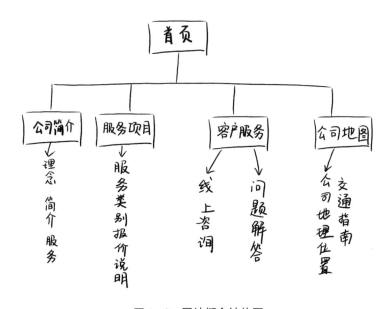

图 1-2　网站概念结构图

### 1.2.4　框架层

如果说结构层是网站的内容罗列和交互设计的安排，那么框架层则是所有网站信息的进一步细化设计。这一阶段的设计包括网站页面设计和导航设计，但这里提出的两个设计并不是视觉上的艺术化处理，而是所有内容及功能信息在页面上的位置排布以及导航位置、层级的组织和安排。

网站的导航是贯穿网站内容的重要线索，通过对网站内容的归类确定导航的内容和顺序。内容庞杂、信息量大的网站除了全站导航外，还需要多个层级的导航，网站建设者通过这些导航的内部构成模块以及导航与导航之间的联系构成了网站的整个结构。这些关于导航内容的设计是在结构层中确定的，在框架层会为这些导航安排具体的位置及呈现方式，确定导航及下级内容在页面中的分组、不同级别的信息排列方式、更易于用户对信息的操作和获取的分组方式。

在框架层阶段，会确定页面内容与页面所需要的控件：按钮、输入框、选择框等，对它们进行具体的位置规划，但此时的规划仅仅是位置规划，而不是视觉效果的设计，即网站内容如何进行排列。

图 1-3 是网站的框架结构图示例。

图 1-3　网站框架结构草图

### 1.2.5　表现层

经过前四层的铺垫，我们终于到了表现层阶段。表现层阶段是网站内容信息与功能的最终视觉化呈现，在表现层的背后有战略目标、内容范围、信息结构、信息位置等诸多方面的考虑和设计。与表现层紧紧相连的是框架层，在框架层中已经出现了网页页面的雏形，只是这个雏形是非常朴素的内容信息组织表现，没有任何色彩、形状、形象上的设计。在表现层，我们将解决网站的艺术表现问题。

表现层所要研究的内容也是本书后续章节讲解的重点。网站的艺术效果是网站的形象，是网站内容最直观的体现。如果说前面四个阶段构成了网站的骨骼和血液，那么表现层就是网站的皮肤和脸面，是网站与用户接触的第一个窗口，是网站给用户第一印象的源头。网站表现层的设计是学习数字媒体艺术相关专业人员的学习重点，在实际的工作中，视觉设计人员从事表现层设计的工作，他们根据网站各级页面的框架图进行视觉设计。

图 1-4 是一个竞拍网站的框架图，图中标明了内容模块的位置及相应的文字内容。

需要设计师根据框架图进行艺术设计。

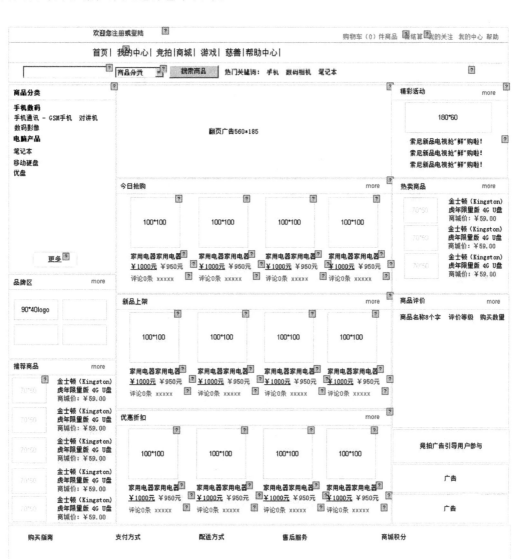

图1-4 竞拍网站框架图

图1-5和图1-6是根据框架图设计出的两个色彩不同的页面效果，从框架层到表现层的过程中，设计师在一定的范围内进行设计，提供多个设计稿进行讨论。对于门户及购物网站来说，框架层的限定会更多一些，页面的文字、按钮、输入框无一不体现着网站的功能；对于个人网站等艺术性较强的网站来说，框架层的限制会少很多，页面的元素大多是为视觉服务的，设计师发挥的空间也比较大。

图 1-5　购物网站效果图（1）　　　　图 1-6　购物网站效果图（2）

从战略层到表现层的过程示意图如图 1-7 所示，它形象地展示了每一层的内容项目，网站设计就是通过这样的层级关系构架起来的，我们要进行的网站艺术设计位于最顶层——表现层。

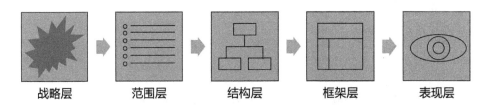

图 1-7　网站设计流程

# 1.3 网站层级分类

网站是由网页组成的，网页之间的组合与链接又有一定的秩序。网站的层级通常分为首页、一级页面、二级页面、三级页面……内容页，这些页面之间的关系通过网站地图来体现，网站地图能够把网站的全部页面层级展现出来。图 1-8 为瑞星卡卡网站首页，图 1-9 为瑞星卡卡网站地图，展示了网站中包含的所有页面。

图1-8 瑞星卡卡网站首页

图1-9 瑞星卡卡网站地图

# 第2章
# 网页艺术风格

## 2.1 什么是网页艺术设计

网页艺术设计，在前面提到的五个网站建设阶段中处于第五阶段，即表现层的设计，也就是网站页面的艺术性表现。它是基于网站的需求、战略定位、目标人群等信息的分析，建立起来的网站内容及目标的外在表现形式，是受众所感受到的网站总体印象。无论是政府网站、商业网站、大学网站还是个人网站都有各自独特的形象特征，网站的信息内容通过网站的页面形象给用户第一时间的直观感受，使用户形成重要的第一印象，并决定了能否吸引用户持续访问。

图2-1～图2-6展示了国内外大学网站首页的设计，它们的共同特点是色彩稳重、布局严肃，页面传递给用户的总体印象是具有较强的学术性、严谨性、权威性。国内大学网站通常使用一屏显示的布局，即网站首页只占计算机屏幕的一屏，不需翻页，见图2-1和图2-2。国外大学网站则多采用多屏显示的页面布局，见图2-3和图2-4。

图2-1　清华大学网站

图 2-2　北京大学网站

图 2-3　哈佛大学网站

图 2-4　剑桥大学网站

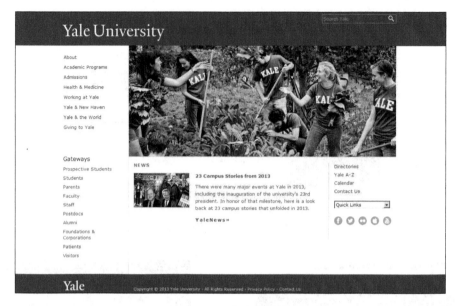

图 2-5　耶鲁大学网站

图 2-6　牛津大学网站

图 2-7 是中国农业银行网站首页，作为金融类网站的首页，它传递出的信息是可靠的、稳健的、值得信赖的。图 2-8 的页面形象与图 2-7 截然不同，作为饮品网站的首页，它具有清爽、甜美、可爱的特点，很好地体现了品牌的市场定位。

图 2-7　中国农业银行网站

图 2-8　韩国饮品网站

　　网页艺术设计是伴随着计算机互联网络的产生而形成的视听设计新课题，是网页设计者以所处时代所能获取的技术和艺术经验为基础，依照设计目的和要求自觉地对网页的构成元素进行艺术规划的创造性思维活动，表面上看，它不过是关于网页版式编排的技巧与方法，而实际上，它不仅是一种技能，更是艺术与技术的高度统一，是线条、形状、材质、色彩等因素互相结合而创造的具有美学舒适性的艺术设计，随着网络技术的发展而发展，更是具有创造性的设计。

网页设计是网站的创造和规划，包括信息架构、用户界面、站点结构、导航、版式、色彩、字体及图像。这些元素与设计原则相互作用，形成了满足设计师及客户要求的网站。然而网站的艺术性设计并不是孤立存在的，必须基于前面四个层面对网站的总体规划，通过合理的总体规划使网站具有合理和直观的网站结构、清晰的信息层级、系统的内部结构、恰当的功能控件位置，在这样的基础上网站艺术表现设计才会有良好的空间。

网站的形象设计不仅包括网站的视觉设计，还包括网站的听觉设计。视觉设计与听觉设计相结合构成了网站的外部形象。好比一个有血有肉的人物，从骨骼、血肉到外貌、衣着、音容笑貌，网站的五个层次与听觉设计相结合，从而形成了一个丰富完整的网站。

但由于声音具有强迫性，并且考虑到网站的呈现客户端有可能已经在播放声音，多种声音混合起来会使用户产生反感情绪，很多网站页面本身都不包含音乐和音效，而是在其内部承载的视频、音频里包含用户可控制的声音模块。对于大型门户类网站来说更是这样，对于一些个人的艺术性网站里，声音和音效往往才是必不可少的。

在本书的学习过程中，我们着重学习的是网站的视觉形象设计。

# 2.2 网页风格设计

进行网站的视觉形象设计，首先要明确网站的视觉风格。网站视觉风格并不是仅仅由视觉元素决定的，它更大程度上取决于网站的内容、功能、用户、市场定位等因素。下面我们将学习不同类型网站的视觉风格定位。

为了更直观和形象地掌握不同风格的特点，我们通过几组产品设计与网页设计进行类比。

### 2.2.1 简洁型——功能和体验至上的设计

图 2-9 是两个立式衣架的设计。图 2-9( a )与我们平时常见的挂衣架［图 2-9( b )］的设计不同，这位设计师的设计使用了最少的设计材料，在整个衣架上也几乎没有任何装饰。但这样的衣架并非因为没有装饰而不具有审美价值，我们发现它给人们带来

一种简约和得体的视觉感受，造型的圆角与白色都显得十分温和，这件产品设计是功能至上的，崇尚功能的设计师认为当一件物品具备了所有良好的功能也自然会有一个完备而良好的外形。

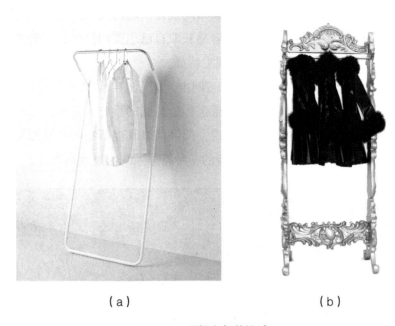

（a） （b）

图2-9　两组衣架的设计

图2-10（a）中的水杯造型看起来跟我们常用的拥有"耳朵把"水杯有所不同，而这样的造型又是由它的功能决定的，每个水杯的三角形是放手指的地方，四个三角形合并为一个菱形更方便一次拿多个杯子。在实现了这样的功能后，这种水杯自然就具备了尖口的造型。这也是功能产生形式的一个造型简洁的产品设计实例。

（a） （b）

图2-10　两组水杯的设计

简洁型的网页设计更偏重网页的功能设计，见图 2-11 和图 2-12，是指网站的信息内容就是网站的艺术设计内容，这类网站沿袭了现代主义设计在传统设计领域的风格特点：功能即形式。功能良好是每个网页设计都必须满足的标准，通过合理的色彩设计，文字粗细、大小、间距设计、版面布局设计实现网页信息的最优化。良好的功能设计使网页的信息结构清晰，用户更容易获取自己想要的信息，一般来说一个网页设计只要满足了功能，就具备了合理的视觉特征。

简洁型页面设计要建立在符号学的基础上。国际符号学会对符号学所下定义是：符号是关于信号标志系统（即通过某种渠道传递信息的系统）的理论，它研究自然符号系统和人造符号系统的特征。广义地说，能够代表其他事物的东西都是符号，如字母、数字、仪式、意识、动作等，最复杂的一种符号系统可能就是语言。

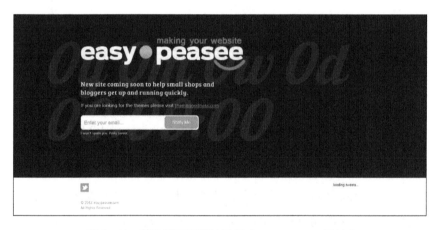

图 2-11　简洁型页面设计示例（easypeasee 网站）

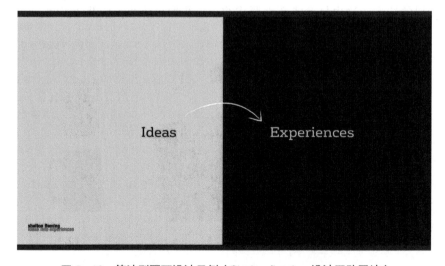

图 2-12　简洁型页面设计示例（Sheltonfleming 设计团队网站）

设计简洁型、功能为主的页面，需要通过各种符号以及色块、文字的层次差异让用户更方便地体验网站功能，快速和便捷地获取所需要的信息。每一操作对用户来说应是符合思维逻辑的，是人性的；而对网站本身来说则应是准确的、确定无疑的；信息的内容和层级在视觉设计的基础上是显而易见的；促进双方的信息传递是功能页面的核心内涵，见图2-13。

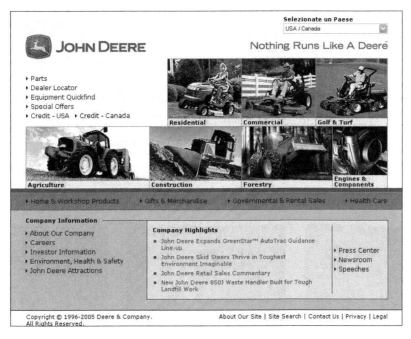

图2-13 简洁型设计页面设计示例（JOHNDEERE 产品网站）

### 2.2.2 表现型——功能和形式并重的设计

你一定不会通过图片一眼认出这两个产品究竟是什么。一个挂在墙上的蜘蛛网以及一盘新鲜的草莓和西瓜，其实他们分别是暖气和优盘。我们概念中的暖气是方方正正，暖气片均匀排列的，我们概念中的U盘也是如此，规则的几何形。这样的设计与我们概念中的暖气及U盘不同，第一个暖气的设计除了造型新颖，还具有更好的散热性，且体积小，可以节省空间；第二件水果形状的U盘同样是在保持了U盘存储功能的基础上对外部造型进行了个性化的设计。图2-14、图2-15都是在功能基础上进行艺术表现的设计。

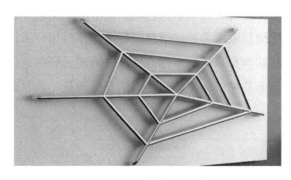

图 2-14　散热器设计　　　　　　　　　　图 2-15　U 盘设计

　　表现型的网页设计是在满足网页功能设计的基础上进行丰富的艺术表现处理，在网站的版式上寻求突破，追求与众不同的色彩设计及搭配，对页面的各个构成元素进行与主题相适应的夸张处理。表现型页面设计是在保证较好的功能运行下，极力增加形式感的表现。图 2-16 是一位艺术家的个人主页，页面中出现的元素与艺术家的个人创作风格保持了一致，具有较强的装饰性和丰富的视觉效果。

图 2-16　艺术家个人主页

### 2.2.3　趣味型、颠覆型——形式至上的设计

　　图 2-17 是一组书架设计，这组书架设计成了人形，比方块形的传统书架多了很多趣味。但这组书架在空间的运用上并没有做到最好，如果在面积较小的房间里摆放会占用较多的空间，不能达到功能的最大化利用。图 2-18 是日历设计，在这本日历中，圣诞老人象征 12 月，20 日的人物露出了灿烂的微笑，其他日期的人都朝向她，这些信息告诉了我们今天是 2007 年 12 月 20 日。这样的设计有较强的幽默感和生动性，但相比传统日历来说，功能性并不是最好，如果在繁忙和紧急的情况下并不利于迅速查找当天的日期信息。

图2-17 书架设计

图2-18 日历设计

　　这两套设计都侧重形式感和视觉表现，是以形式设计至上的设计。

　　形式设计至上的网页艺术表现大多出现在艺术题材的页面设计中。颠覆型的页面设计是指页面的艺术表现忽略一般网站的设计规范，对设计风格甚至功能进行较大程度的挑战。例如，一般网站都尽量避免设计得过长，以防止有效信息在后面几屏被用户忽略，但有些个人主页却故意将页面设计得非常长，将所有的网站内容作为一屏显示，忽略了一部分功能效果去追求楼房式的形式感，给人耳目一新的感觉，见图2-19。

　　页面设计的另一个禁忌就是页面的宽度一般都限制在固定的像素之内，因为用户很少有横向拖动滚动条的习惯。针对当前多数页面，这个固定值在960～990像素之间，但有些设计会故意将页面的宽度设计超过显示器宽度几倍，给人制造一种新鲜感，见图2-20。

图 2-19　个人网站设计　　　　　图 2-20　长城音乐节网站

　　值得强调的一点是，颠覆型的页面设计适合信息量较少，主题鲜明和相对专一的网站。对于信息量大的门户类、资讯类等网站而言，如果用颠覆型的页面设计会降低信息的识别度，给用户获取内容信息带来一定障碍，这类网站多注重功能的设计，在最优功能的基础上进行视觉设计。

# 2.3 不同行业的页面设计

## 2.3.1 门户网站

门户网站是一个应用框架，它将各种应用系统、数据资源和互联网资源集成到一个信息管理平台之上，并以统一的用户界面提供给用户，使企业可以快速地创建企业对客户、企业对内部员工和企业对企业的信息通道，使企业能够释放存储在企业内部和外部的各种信息。[①]

如今门户网站主要提供新闻、搜索、免费邮箱、影音资讯、电子商务、网络社区、网络游戏、微博、博客，等等。

门户网站通常分为搜索引擎式门户网站、综合性门户网站和地方生活门户。

搜索引擎式门户网站的主要功能是提供强大的搜索引擎和其他各种网络服务，见图 2-21。

图 2-21 Nav80 设计师网址导航

---

① 维基百科 http://zh.wikipedia.org/wiki/%E9%96%80%E6%88%B6%E7%B6%B2%E7%AB%99

综合性门户网站以新闻信息、娱乐、资讯为主，如新浪、搜狐等资讯综合门户网站。由于网站本身信息内容庞大，页面设计比较简洁，主要以突出功能为主。一些网站内部允许用户有自定义页面设计的权利，用户可以选择网站内部自带的模板设计，也可以通过上传图片、自定义网站版式、文字样式、背景样式来创建新的页面设计形式，如博客、微博的页面设计等，如图 2-22 和图 2-23 所示。

图 2-22　新浪网首页

图 2-23　新浪微博个性化页面

　　地方生活门户网站是当今新兴和传播广泛的一类网站，一般包括：本地资讯、同城网购、以物易物、分类信息、征婚交友、求职招聘、团购、生活社区等频道。生活门户网站以信息为主，因此页面也是巨大信息量的集合，这类网站的设计空间较小，对信息的组织形式和版面构成的设计要求较高。见图 2-23 和图 2-24。

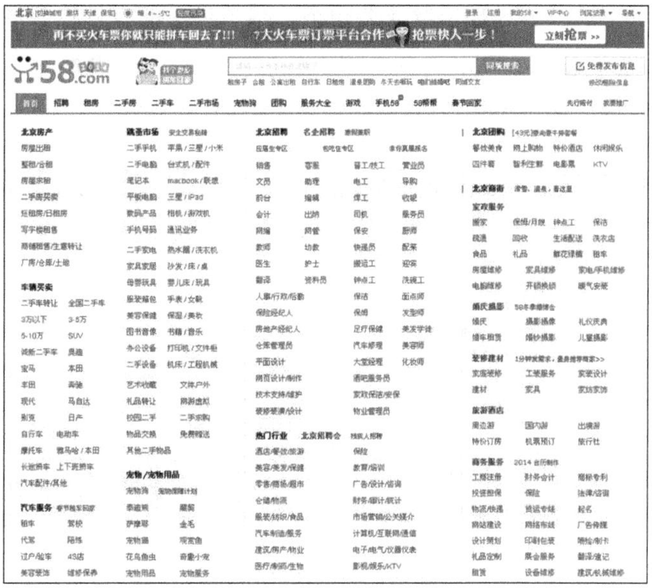

图 2-24　58 同城

图 2-25　智联招聘

### 2.3.2 娱乐类网站

娱乐类网站包括娱乐新闻类网站、音乐网站、游戏网站等类型，这类网站的页面设计比较重视氛围建设，通过页面的色彩搭配、主体形象以及元素位置来体现网站的内容。用户首先通过网站给人的直接视觉感受了解到网站的内容、目标人群等信息，图 2-26、图 2-27 和图 2-28 都是游戏类网站，网站页面的设计将游戏网站这一定位成功传递给用户，此外用户还可以从页面的色彩氛围、人物形象推断出游戏的类型，从而决定自己是否选择这款游戏。

图 2-26　新仙剑游戏官网

图 2-27　mario3dland 网站

图 2-28　popozoy 网站

### 2.3.3　金融类网站

　　金融类网站的布局通常设计得比较严谨，形式上的突破不大，给人以可信赖的感觉。图 2-29 的澳大利亚国民银行网站页面采用了常用的蓝色作为网站主色调，网站的布局及色彩无不体现了银行的权威性和可靠性。图 2-30 的巴西银行网站页面设计具有一定的突破性，使用了巴西国旗的色彩，以黄色为主色调，蓝色为辅助色，页面中的布局采用了较多的圆角及弧线设计，使整个页面看起来十分亲切。图 2-31 和图 2-32 的页面设计均沿用了公司的Ⅵ色彩，分别为橙色、紫色。图 2-33 和图 2-34 是两个证券公司网站首页，在设计中使用了保守的蓝色，很好地传递了稳健、可靠的信息。

图 2-29　澳大利亚国民银行网站

图 2-30　巴西银行网站

图2-31　阳光保险集团网站

图2-32　中国光大银行网站

图 2-33　华泰证券官方网站

图 2-34　中国银河证券网站

### 2.3.4　服装类网站

服装类网站首先要突出的是品牌的定位，商务、休闲、运动等不同类型的服装都有不同的网页设计风格。其次，在同一类服装中也有不同的品牌文化通过网页的色彩、构图来体现。为了突出服装本身，服装展示网站的页面元素通常较为朴素，深灰色、黑色背景和白色文字的搭配通常用来体现服装网站的个性和时尚（见图 2-35 和图 2-36）。当服装本身的色彩较为丰富时，浅灰色、白色是服装展示页面的常用色彩（见图 2-37 和图 2-38），页面通过细致的排版和考究的版面文字编排衬托服装的品质感。

图2-35 Jules 网站

图2-36 mind&kind 网站

图2-37 Uniqlo 服装馆

图 2-38　AlpinePro 网站

### 2.3.5　体育类网站

　　体育类网站在版面上多采用流线型来体现速度和动感，近年来，体育类网站色彩大多使用灰色系色彩加以纯色点缀（见图 2-39），一些体育用品网站的设计风格通常与品牌店铺的风格相似，遵循相同的品牌概念。在体育类网站范畴内，根据不同的运动类型也有不同的设计风格与之相映衬，图 2-40 通过页面元素的动感和色彩体现了篮球运动的速度和激情，图 2-41 通过不饱和色与白色的搭配体现出高尔夫球运动的品质感。

图 2-39　WTA 世界女子网球协会网站

图 2-40　WOBCampus 网站

图 2-41　ildonglakes 高尔夫球俱乐部网站

### 2.3.6　教育类网站

教育类网站服务的主要对象是教师、学生、家长，在设计时要注重以突出网站的功能为主，网站的服务项目要一目了然，充分体现学校的功能和价值。视觉设计要注重体现出权威性、学术性与文化性。图 2-42、图 2-44 和图 2-45 均采用了纯色块的扁平化设计风格，页面中的图形元素没有使用色彩过渡和渐变，风格简洁、信息明了；图 2-43 采用了图像背景，增加了页面的层次感，在体现学术性的同时也增加了人情味和亲切感。

图 2-42　斯坦福大学网站　　　　　图 2-43　清华大学网站

图 2-44　牛津大学网站　　　　　图 2-45　剑桥大学网站

### 2.3.7　餐饮类网站

餐饮食品类网站的色彩搭配较为灵活，但在设计素材图片时要注意食材色彩的饱和度调整，在设计搭配时也要注意通过配色来突出食品或产品的色泽、质感。餐饮类网站为了体现食物的色香味通常使用高质量的摄影素材，食物本身的色彩多为暖色和高饱和色调（见图 2-46），在设计食品类网页时要注意页面色彩与摄影素材的搭配。图 2-47 是某品牌酸奶网站，页面的色彩设计干净、单纯、清爽，与品牌理念相一致。

图 2-46　BBQ 烧烤调料品牌网站

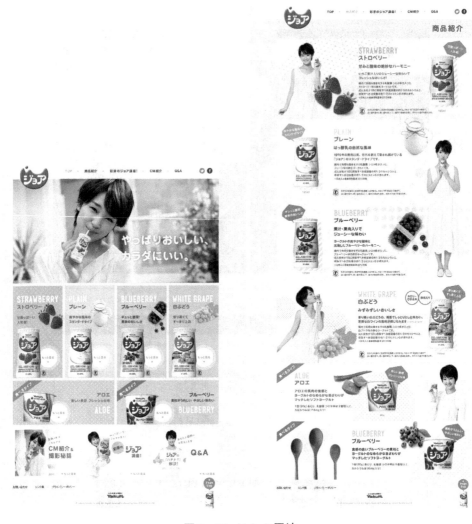

图 2-47　Yakult 网站

# 2.4 专题页设计

专题页是指针对某一主题推出的时效性较强的网页，这类网页一般寄存在大型网站之中，拥有较快的更新频率。一般包括网站活动、新产品发布、新功能介绍、某一新闻事件的发生等。

专题页的时效性是非常有限的，多数推广、活动及新闻事件都受到时间限制，过了特定时间，页面就很少再有人访问。因此，在限定的时间吸引最多用户、形成有力宣传是专题页设计的主要目的，这需要强有力的视觉效果和有趣的浏览体验。

### 2.4.1　专题页结构设计

专题页从属于网站整体，但又与网站中的其他页面相对独立的页面，因此它的结构可以具备一定的特殊性。网站专题页会根据专题的内容进行设计，版面的自由性较大，设计风格创新性强（如图2-48和图2-50所示）。而网站普通页要考虑网站中所有网页内容的均衡性和通用性，需要兼容多数的内容，因此往往具有统一的格局（见图2-49和图2-51）。

图2-48　新浪微博会员活动页面　　　　图2-49　《人民日报》新浪微博页面

图 2-50　新浪家居专题页面

图 2-51　新浪家居普通内容页面

### 2.4.2 专题页头图设计

头图位于网页的首屏。研究表明，用户将 80% 以上的注意力花在对首屏内容的浏览上，而大多数用户第一屏能够看到的区域是 600 px。在这个区域内，通常将头图的高度设置在 280 ~ 400 px 之间，这样可以在突出专题主视觉形象的同时也可以让用户在第一屏就浏览到部分专题内容。优秀的头图是专题设计的灵魂。

设计头图时首先要根据不同的内容题材考虑头图的风格，在实现头图设计之前，通常先勾勒草图、构思表现形式、寻找素材。图2-52是关于中国传统节日中秋节的专题页,头图通过与中秋节有关的月亮、月饼等元素体现了节日气氛。图2-53是京东商城的促销专题页,在主题为"爱的正能量"的专题页中采用了淡粉色、浅绿色等舒缓的色彩体现温馨的专题,为用户提供良好的购物环境。对于没有具象视觉元素的主题可以从专题页的文字入手进行设计,见图2-54。

图2-52 新浪网中秋专题页头图

图2-53 京东商城购物专题页头图

图 2-54　淘宝网双十一购物节专题页头图

### 2.4.3 不同类别的专题页设计

#### 1. 网站活动类专题页设计

活动类专题页面是承载节庆促销、宣传推广、营销产品发布等活动的页面，形式与内容丰富多样。通常典型的活动页面会使用头图与标题文字、活动入口相结合的展示形式，页面主要通过以上这些元素来传递网站内容、推广宣传主题、吸引用户，见图 2-55。

活动类专题页首屏出现的信息通常包括：活动主题、活动时间、活动的优惠 / 利益、参与入口等，见图 2-56。在一些设计中会将最能吸引用户的操作放在首屏中，如抽奖、领取礼包等。

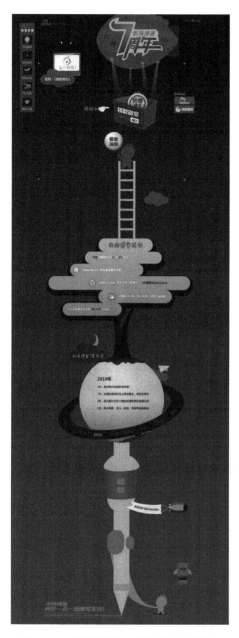

图2-55 新浪微博7周年活动专题页

图2-56 搜狐房地产国庆活动专题页

### 2. 新品发布专题页设计

新产品发布专题页的内容与活动类专题页有一定差距，从内容上来讲前者更注重产品的特性、参数、相关体验活动等。设计师拿到活动方案时，根据产品特性、商业需求和推广目标来区分信息层次。

产品发布专题的头图设计也同样重要，它决定了页面对用户的吸引力，见图

2-57。设计时可以从标题中提炼出关键词进行设计，也可以通过产品图片来激发创意，营造切合产品特性的视觉氛围，见图 2-58。

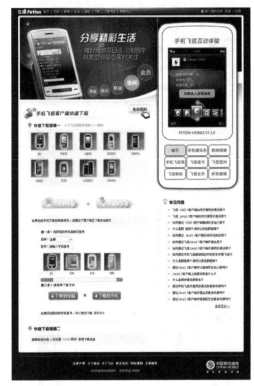

图 2-57　手机飞信 V3_1_0 版下载专题页　　图 2-58　中国移动飞信苹果版下载专题页

### 3. 新闻事件专题页设计

新闻事件的专题通常是对某一事件或人物相关内容的集中性专题展现，图 2-59 是中国网络电视台以"身边的感动"为主题的专题页，页面色彩温馨、协调，与主题相一致。即时性的专题制作要求保证时效，从策划到上线要保证高效率完成；更为重大的事件专题还要有拓展和挖掘，策划与设计制作时间也会更充裕，工作量的付出相当于策划一个网站的频道，见图 2-60。

图2-59　"身边的感动"专题页　　　　　图2-60　地球熄灯一小时专题页

# 2.5 网站 VI 设计

## 2.5.1　VI 设计

视觉识别系统（VisualIndentitySystem,VIS）设计是 CI 系统的重要组成部分，20 世纪 50 年代起在美国得到全面推广，如今已经是被大多数国家广泛认同的塑造和展示企业良好形象的强有力手段。在传统的 CI 设计中，VI 的作用是以一个企业或集团的名称、标志、标准字体、标准色彩、象征图形等设计元素为核心，将这些企业团体的经营理念、精神文化、服务内容等信息用具体的视觉识别符号表现出来，塑造良好和独特的整体视觉形象，提高企业及其产品的知名度。

### 2.5.2 网站 VI 设计

随着第四媒体互联网的迅速发展，信息传播开始了一场新的变革，VI 也延伸到新的领域，互联网络上逐渐成为企业宣传的重要阵地，具有高效、广泛的传播优势，VI 也逐渐应用在互联网上。用户在网站上看到的所有内容，包括图片、文字、影像、动画以及它们的布局和出现方式等一切能够看到的元素都是 VI 设计的一部分，网站 VI 的真正意义在于将一个网站的视觉风格进行设定，使网站中页面的色彩版式等形成一种认知识别，与其他网站进行区分，即网络形象识别设计。它是 CI 部分的延伸、又是 VI 部分的发展与具体应用，设计师根据企业 VI、CI 及网络的要求整合成网络形象识别系统。

对于已经具有 VI 规范的企业来说，网站 VI 设计是企业 VI 规范的另一种载体形式，将传统 VI 规范运用到网站 VI 设计中，使企业网站设计能够体现企业形象和理念。网站 VI 的设计重点放在网站 LOGO 设计、页面版式布局设计、企业标准色彩的网络应用等方面，这些是影响网页视觉效果最主要的因素。

进行网站 VI 设计应该充分认识到提高网站视觉效果设计质量的重要性，将 VI 理念与网站视觉设计相结合，应用 VI 设计原则来具体指导 Web 网站的设计工作，同时注意将 VI 设计进行合理的延伸，既具有新媒体的特征，又能够与 VI 理念保持一致。

图 2-61 是一个竞拍购物网站的 LOGO 设计，在这个网站的页面设计中，设计师根据公司 LOGO，进行了整套网站的 VI 设计，网站的弹出窗口（见图 2-62）、按钮都延续了 LOGO 的色彩，形成了整体、丰富的视觉效果（见图 2-63）。

图 2-61　竞拍网站 LOGO 设计

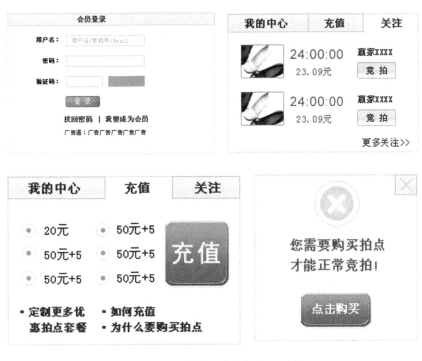

图 2-62　竞拍网站弹出窗口设计

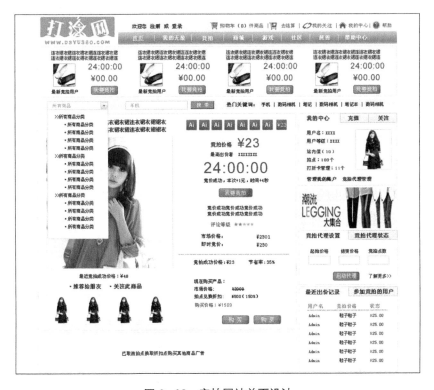

图 2-63　竞拍网站首页设计

# 第3章
# 网页版式设计

## 3.1 基本概念

网页版式即网页版面格式。网页版式设计是在有限的屏幕空间内，根据网站主题的类型和要求，将图、文、声、像多媒体元素进行有机排列组合，使各种构成要素达到均衡、调和、对比、韵律等视觉效果，形成主题鲜明、个性独特的网页视觉风格。

网页的版式设计是网页视觉艺术的重要表现形式，它不仅是一种视觉编排的学问，更是技术与艺术的高度统一。网页版式设计是网站设计师必须掌握的基本功之一。

## 3.2 网页版面尺寸和构成要素

### 3.2.1 网页版面尺寸

印刷品都有固定的规格尺寸，而网页的尺寸受限于两个因素。一个是显示器屏幕，显示器现在种类很多，以 19 寸、21.5 寸为主流，但目前也有为数不少的 18 寸显示器。另一个是浏览器软件，网页页面会根据当前浏览窗口的大小自动格式化输出，不同种类、版本的浏览器观察同一个网页页面时，其效果会有所不同；而且用户浏览器的工作环境不同，显示效果也不一样。

目前电脑显示器分辨率主要为 $800\,px\times600\,px$、$1024\,px\times768\,px$、$1280\,px\times1024\,px$。网页页面大小的设置依据电脑显示器分辨率。目前，网页版面尺寸主要有如下两种。

·$800\,px\times600\,px$ 下，网页宽度保持在 778 px 以内，就不会出现水平滚动条，高度则视版面和内容决定。

·$1024\,px\times768\,px$ 下，网页宽度保持在 1002 px 以内，如果满框显示的话，高度在 $612\sim615\,px$ 之间，就不会出现水平滚动条和垂直滚动条。

### 3.2.2　网页版面构成要素

网站信息内容的有效传达是通过各种构成要素设计编排来实现的。

网页版面构成要素包括文字、图形、图像、色彩等造型要素及标志、标题、宣传标语、导航菜单、正文等内容要素。区别于传统平面媒体，网页版面构成要素除了图和文，还包括声音、视频和动画等多媒体元素。我们以微软中国官网为例，见图 3–1和图 3–2。

图 3–1　微软中国官网

图 3-2　微软中国官网网页构成要素图形图像、文字、视频

1. 造型要素

（1）文字

文字是信息传达的主要方式，从网页最初的纯文字界面发展至今，文字因其自身能达到高效精准的传播效果，使其仍是网页中其他任何元素无法取代的重要构成。网页文字的主要功能是精准地传达各种信息，这种传达效果有效地获得，必须做到文字精准的编辑和有序的编排，去繁就简，使人易认、易懂、易读，见图 3-3。

图 3-3　人民网主页

除此之外，文字在传达网站内容信息的同时，也是网站重要的造型要素。它的字体、大小、颜色和排布对页面设计的风格特点影响极大，因此要慎重处理。字体、字号、字距、色彩以及对其方式的选择要与网站的主题内容相吻合。如中华人民共和国教育部网站的主页上就选区了宋体为主要字体，以显教育部的权威与庄重，见图3-4。

图3-4 中华人民共和国教育部主页

文字作为网页版面的造型要素，设计师充分发挥字体的图形性、装饰功能，让字体的自身造型趣味得以表现，能丰富网页版面的效果，增加浏览者的阅读兴趣，见图3-5。

图 3-5  n.design 工作室网页

（2）图片

图片是除文字以外网页版面中使用最多的要素。目前互联网上，绝大多数网站都是通过图文并茂的方式向用户提供信息。图片的引入既能成倍地加大网站所提供的信息量，又能渲染主题和美化版面，使网站信息传达的方式变得更加直观和有趣，见图 3-6。

图 3-6　Harris 农场网页

　　图片的位置、面积、数量、形式、方向等直接关系到网页的视觉传达。在图片的选择和优化时，应考虑图片在网页整体视觉画面的作用，力求做到统一、悦目、重点突出，达到画面和谐。大面积的图版易表现感性诉求，有朝气和真实感，见图 3-7；小面积的图版给人精致的感觉，使人视线集中；大小图片的搭配使用，可以产生视觉上的节奏变化和画面空间的变化，见图 3-8。

图 3-7　伯克利大学艺术史系网页

（a）

（b）

（c）

图 3-8 Architectural 陶瓷工艺品网页

（3）色彩

网站页面的色彩包括网站的标准色彩、文字的色彩、图片的主色彩、页面的背景色和边框色彩等。色彩的适当选用能体现网站的外观形象，延伸网站的内涵形象。色彩作为网页版面重要构成要素，选用既要符合色彩规律，又要体现网站特色和个性。英国 MIXD 是一家提供创意设计和网页设计服务的公司，总部设在哈罗盖特。MIXD 作为网页设计专业机构，在自身网站设计上十分强调个性和特色。网站主页在每次刷新时，会呈现不同色彩背景和主体图形，无论图形和色彩如何变幻，始终围绕公司提出的"BEAUTIFUL FORM, PERFECT FUNCTION."这一设计理念，见图 3-9。

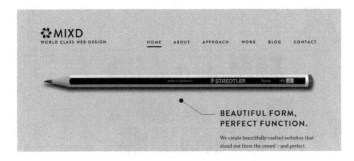

（a）

（b）

（c）

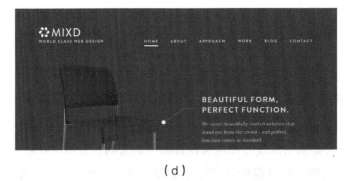

（d）

图 3-9　MIXD 网页设计机构网页

2.内容要素

（1）标志

网站标志是网站经营者为把自己的网站区别开来而给自己的网站所起的名称或所加的特殊性标志。标志是网站的特色和内涵的集中体现。

网站标志通常包括文字部分和网站图形标志。文字部分就是网站名称，网站名称力求一听就让人记住，因此网站经营者必须给网站起一个响当当的名字。网站图形标志具有通常标志一样的特点，即识别性强、准确传达、具有艺术性和持久性。除此之外，网站标志还具有平面媒体所不能传达的动态性。因此，网站标志在表现上，可以将静态图形标志进行动态展示，网站动态标志是网站标志发展的一个新趋势，见图3-10。

红点奖网站动态标志截图

瑞士电信网站动态标志截图

图3-10　网站动态标志截图

（2）标题

网站标题是网站内容要素中不可或缺的部分。我们每天都会搜索大量的信息，进入很多的网站、论坛时最先看到的就是网站的标题，在这个眼球经济的时代，一个好的网站标题对网站至关重要。网站标题和传统媒体中信息传达的基本作用相同，是内容的简概说明，需要做到醒目、言简意赅、优先编排。

（3）宣传标语

网站页面的宣传标语往往体现一个网站的特色、精神和目标。网站的宣传标语需清晰直白地表明该网站的形象，增加页面与页面之间的统一感，从而加深浏览者的印象。

（4）导航菜单

网页的导航是浏览者在一个网站的多个内容之间，即页面与页面之间跳转连接的枢纽，外观形态的醒目和链接的条理性设计将直接影响网站的浏览率。网站导航形式多样，根据不同的浏览要求和体验，选择适合的导航是十分重要的，关于导航的分类与设计，我们将在本书第5章进行详细阐述。

（5）正文

网站正文是网站信息传达的主要途径。不同类型网站正文的篇幅差别很大，如以新闻咨询为主的门户网站，正文文字占据了大量的页面。目前，基于速度要求，网站正文通常采取文本形式，最适合于网页正文显示的字体大小为12磅左右。现在很多综合性站点，由于在一个页面中需要安排的内容较多，通常采用9磅的字号。

### 3. 多媒体元素

（1）声音

网站具有将多种媒体的集成性特点，在网站中，声音元素的出现能丰富网站的媒体形式和传达功能。声音元素分为：人声、音乐和音效。网站中通常以在线播放音频、背景音乐、解说词、按钮音效、视频和动画配音的形式出现。

（2）视频

随着流媒体技术的发展，视频在网站中占据的比例不断攀升。目前国内形成了一批专业视频网站，如优酷网、土豆网、酷6网、奇艺网、乐视网。这些网站凭借视频内容广泛，视听效果丰富、播放速度快等特点获得了较好的市场反响，取得了较大的市场份额。

（3）动画

网站中动画元素形式多样，既包括按钮、菜单等交互式动画，也有动画短片、动画MV等形式，动画元素的出现，使浏览者对网站的交互体验变得更加亲切和人性化。

# 3.3 网页版面的视觉流程设计

### 3.3.1 什么是视觉流程

视觉流程是设计者将多种视觉信息进行有序组织，通过媒介诱导，使受众视线按照设计意图向一定方向有顺序地串联起来，形成一个有机统一体，以发挥有效地传达信息功能。版面中的视觉流程是一种虚有的流动线，是一种空间运动。它是视线随各视觉元素在空间沿着一定轨迹运动的过程。

视觉流程是版面运动趋势的主旋律，要根据版面的主体内容进行设计，注意要明确主次、轻重和注意结构逻辑，使受众有一个清晰、迅速、流畅的信息接受过程。

### 3.3.2 网页版面视觉流程形式

网页版式设计的视觉流程以人眼的生理结构和视觉心理认知习惯和特征为依据，因此网页版式的视觉流程是基于一般视觉原理和大众认知基础的。根据视觉流程的特点，网页版式在设计上遵循从左到右、从上到下的原则。在此基础之上，由于网页中包含动态多媒体元素，心理学研究表明，动的东西要远比静的东西更吸引人。因此在个别网页版面中，动态元素的出现会在一定程度上影响视觉流程的运动轨迹。

设计师在网页版面中需要根据设计需求，选择最佳的视觉区域来放置重点信息，设计科学合理的网页视觉流程，要做好这一点，需要设计师了解视觉流程的特点，把握视觉流程的规律和方法。在网页版面中有如下几种常见视觉流程形式。

#### 1.线性视觉流程

线性视觉流程是最常见、最基本的视觉流程样式。文本阅读的方式就是以线性视觉流程的形式呈现的。线性视觉流程有直线、斜线、曲线 3 种形式。

（1）直线视觉流程

直线视觉流程常见的是水平线和垂直线，水平线引导人的视线做左右移动，垂直线引导人的视线做上下移动。直线视觉流程具有直观、确定、一目了然的特点，见图 3-11。

图 3-11 AQUARING 公司网页

（2）斜线视觉流程

斜线视觉流程动态性很强，更有张力，常用在表现突出动态或个性化的设计中。斜线视觉流程稳定性相对较差，要注意画面的整体均衡，见图3-12。

（a）

（b）

图3-12　CTRLZAK艺术设计工作室网页

（3）曲线视觉流程

曲线视觉流程是颇具韵律感的视觉流程形式，曲线在版面中的融会贯通让版面舒畅、自然、饱满且充满张力，如"S"曲线形态的视觉流程使页面元素上下左右运动，能在有限的空间中穿插回旋，具有一定的张力，见图3-13。

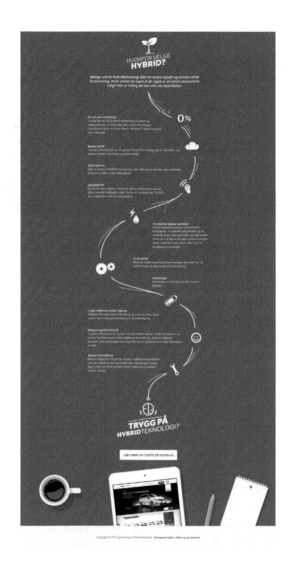

图 3-13  Toyota 汽车网页

2. 导向视觉流程

在网页设计中使用能诱导观者视线的诱导性元素，令观者的视线能通过诱导按照设计者的布局进行一定顺序的运动，将所有元素从主到次、从大到小构成一个有机整体，形成一个重点突出、流程动感的视觉组合。诱导性的元素有很多种，常见的包括：文字导向，利用文字的排列组合后的线、面特点来引导视觉走向；肢体导向，利用人体的肢体语言或是手部动作的方向性，来引导视觉走向，见图 3-14；指示导向，利用符号箭头的方向性特点，将视线引向主体，见图 3-15；形象导向，利用众多的事物形象特征来引导视线，如人或者动物的视线、钟表的指针等。

图 3-14　FiftyThree 公司 Pencil 触控笔网页

（a）

（b）

图3-15　Knewitz 葡萄酒网页

3.焦点视觉流程

焦点，是指视觉心理的焦点。焦点是否突出，和页面版式编排、图文的位置、色彩的运用有关。焦点视觉流程是从页面的中心点开始，产生向心、离心等形式的视觉运动，画面中心突出、主题明确，视觉冲击力比较强，见图3-16。

设计师需要按照主从关系的顺序，使主题形象放大，通常以鲜明的形象或文字成为视觉焦点，以此来表达主题思想。焦点视觉流程常用在对某一事物进行强调的页面设计中。

图 3-16　KFCWOW25 网页

4.散点视觉流程

散点视觉流程指版面中的视觉元素，包括图形、文字等视觉元素及其各元素之间的组成关系不拘泥于规则、严谨的理性编排方式，而是强调感性、自由、随意、分散的排列组合状态，是一种分散处理视觉元素的编排方式。它具有新颖、灵活、随机、偶合的特点。散点视觉流程生动有趣，给人一种轻松随意和慢节奏的感受，见图 3-17。

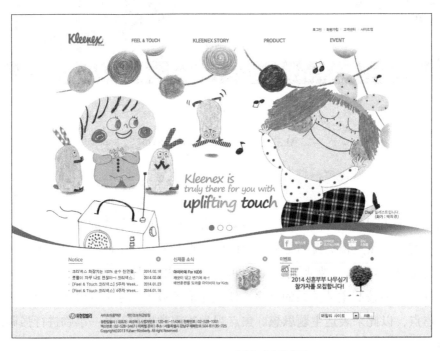

图 3-17　Kleenex 纸巾公司网页

5.反复视觉流程

反复视觉流程是指由于相同或者相似元素的规律出现，而产生的一种有秩序和节奏的运动。由于网页技术特点决定了这种反复视觉流程是比较常见的视觉流程表现手法，反复视觉流程产生的视觉效果富丁韵律美和秩序美，见图3-18。

图3-18　环球地理签约女摄影师网页

# 3.4 网页版面网格设计

### 3.4.1　网格系统

网格设计系统（又称栅格设计系统、标准尺寸系统），是一种平面设计的方法与风格。其特点是运用数字的比例关系，通过严格的计算，把版心划分为无数统一尺寸的网格，运用固定的格子设计版面布局，其风格工整简洁，见图3-19和图3-20。

"网格系统"这个概念来自于传统印刷业，出版物的排版通常都会遵循一定的网格布局，以使得版面既有创意又不失规整。在网页设计中，沿用了这一系统，纵观当下一些采用了顶尖设计的大网站，我们能发现他们运用了一些网格布局。网格可以给网页版面布局带来稳定性和结构性，体现网页版面比例感、秩序感和整体感，见图3-21和图3-22。

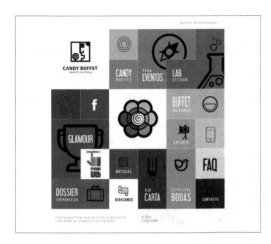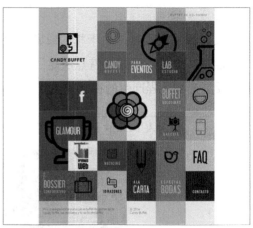

图 3-19　CANDY BUFFET 公司网页网格设计分析 1

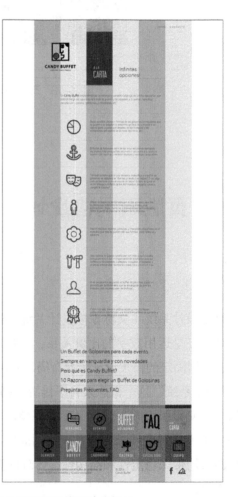

图 3-20　CANDY BUFFET 公司网页网格设计分析 2

**Karl Anders**

ARBEITEN AKTIONEN BÜRO KONTAKT

# EIN KOMMENTAR

Das Street-Art-Ping-Pong-Fassadenspiel.

# CANNES LIONS 2014

Claudia Fischer-Appelt ist Mitglied der Design-Jury bei den diesjährigen Cannes Lions.

# NANO STORIES

Kurzgeschichten – ganz Karl Anders.

# TEXT GESUCHT

Schreib zu diesem Bild eine Headline, die sich gewaschen hat. Und mit etwas Glück bekommst du zu deinem Bewerbungsgespräch bei uns einen Café Latte.

# NEVER HIDE

Ein Fall für das neue Fall Magazine.

图 3-21 Karl Anders 公司网页

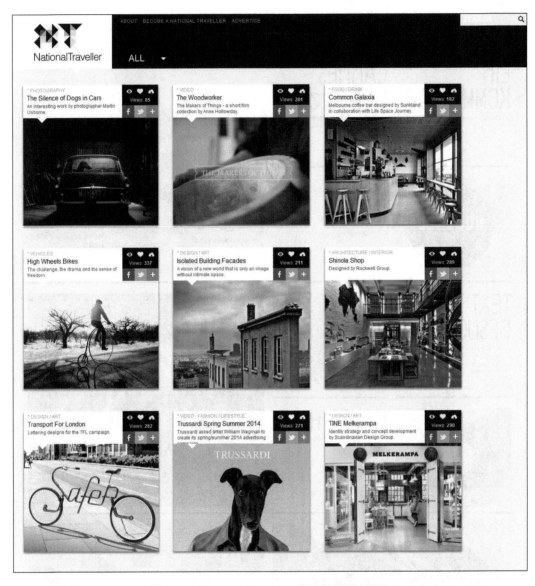

图 3-22　NationalTraveller 视觉分享网站页面

　　网格对于网页版面布局非常有好处，可以让网页版面保持简洁干净，用户友好以及组织性。不过，我们不能让网格限制设计的创造性，让设计师觉得被这些条条框框限制了。我们在理解并遵循这些基本规则的基础上，大胆地突破这些引导线，打破网格可以让元素看起来更自然和流畅，而不是像表格布局一样呆板和无趣，见图 3-23、图 3-24 和图 3-25。

图3-23 Winter Session 手工工作室网页

图3-24 WOODWORK 工作室网页

图 3-25 Sylvain Toulouse 设计师个人工作室网页

## 3.4.2 网页网格设计

### 1.建立网格

我们可以利用平面软件工具如 Photoshop 来创建网格。首先我们可以在视图中将网格显示出来，然后选择合适的网格数量来拉出辅助线，见图 3-26。建立网格的工具和理论很多，但归根结底，还是要选择自己用起来最顺手的工具。当然，我们也可以选择一些已有的网格模版。网格可以很复杂或者很简单，复杂的网格可自由发挥的空间较多，网格越简单，留出的空白也越多，网格的复杂程度取决于网站内容的信息布局和设计师的需要。

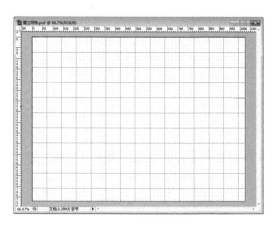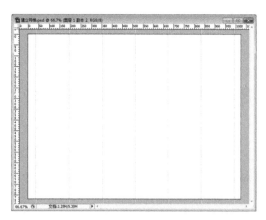

图 3-26　网格的建立

### 2.基于网格布局页面信息

当网格建立后，我们可以将需要放置的信息基于网格来进行布局，见图 3-27。在布局的过程中，我们可以尝试多种不同位置的编排组合，根据网站的主题，寻求最适合的编排布局。

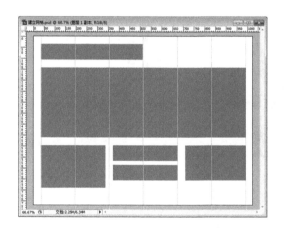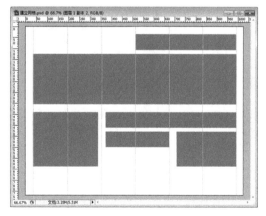

图 3-27　基于网格的信息布局

### 3.打破规则

网格是把元素对齐的一种非常好的方法，网格让页面显得干净、整洁，而且用户友好。然而，我们不能让网格禁锢了我们的灵感和创新。基于网格的设计，不意味着任何东西都要对齐，某些越出网格边界的元素会让页面看起来更加生动和流畅，摆脱表格式的死板和枯燥。

# 3.5 网页版式基本类型

网页版式的基本类型主要有骨骼型、满版型、分割型、中轴型、曲线型、倾斜型、对称型、焦点型、三角型、自由型十种。

### 3.5.1 骨骼型

网页版式的骨骼型是一种规范的、理性的分割方法，类似于报刊的版式。常见的骨骼有竖向通栏、双栏、三栏、四栏和横向的通栏、双栏、三栏和四栏等。一般以竖向分栏为多。这种版式给人以和谐、理性的美。几种分栏方式结合使用，既理性、条理，又活泼而富有弹性，见图 3–28。

图 3–28　Khai Liew 家具品牌机构网页

### 3.5.2 满版型

满版型页面以图像充满整版，图像为主要表现形式，也可将部分文字置于图像之上。满版型页面视觉效果直观，具有强大的视觉冲击力。此外，满版型页面给人以舒展、大方的感觉。随着互联网技术的升级，这种版式在网页设计中的运用越来越多，见图 3–29 和图 3–30。

图 3-29　HYUNDAI MOBIS 汽车配件生产公司网页

图 3-30　dear-bld 机构网页

### 3.5.3　分割型

分割型版式包括上下分割型和左右分割型。分割的版面上分别安排图片和文字。设计师可以通过调整图片和文字所占的面积，来控制版面对比的强弱。分割型版面需要把控好图文分割的比例关系，避免造成视觉心理的不平衡，最终使网页版面达到自然和谐的效果，见图 3-31。

图 3-31　QUAYSIDE 公司网页

### 3.5.4　中轴型

中轴型网页版式是沿浏览器窗口的中轴将图片或文字作水平或垂直方向的排列。水平排列的页面给人稳定、平静、含蓄的感觉。垂直排列的页面给人以舒畅的感觉，见图 3-32 和图 3-33。

图 3-32　Yello Mobile 公司网页

图 3-33　Apple 公司 iPhone5s 网页

### 3.5.5　曲线型

曲线型网页版式是图片、文字在页面上作曲线的分割或编排构成。通过曲线的分割或编排，网页能产生节奏感，形成韵律美。同时，曲线型版式的流动感也会给用户带来舒畅、自由的体验，见图 3-34。

图 3-34　骏河台幼稚园网页

## 3.5.6　倾斜型

倾斜型网页版式是将页面主题形象或多幅图片、文字作倾斜编排，从而让版面形成不稳定感或强烈的动感，该版式具有较强大的视觉张力，页面十分引人注目，见图3-35。

图 3-35　hello innovation 网站页面

### 3.5.7 对称型

对称型版面包括绝对对称和相对对称。为了避免呆板，相对对称的手法在网页版面中采取较多。相对版面上下对称来说，左右对称的网页版式比较常见。对称的页面能给人稳定、严谨、庄重、理性的感受，见图3-36。

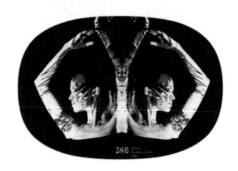

图3-36  ASITANOSIKAKU品牌设计机构网页

### 3.5.8 焦点型

焦点型的网页版式通过对视线的诱导，使页面具有强烈的视觉效果。焦点型分中心、向心和离心三种类别。中心是以对比强烈的图片或文字置于页面的视觉中心。向心是视觉元素引导浏览者视线向页面中心聚拢，就形成了一个向心的版式，见图3-37。离心是视觉元素引导浏览者视线向外辐射，则形成一个离心的网页版式，离心版式具有活泼和现代感。

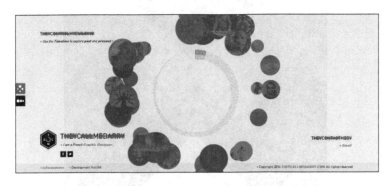

图3-37  theycallmebarry设计机构网页

### 3.5.9 三角型

三角型版式是网页各视觉元素呈三角形排列。正三角形，又称金字塔型，是最具稳定性的，见图3-38；倒三角形则产生动感，见图3-39；侧三角形构成一种均衡版式，既安定又有动感。

图3-38 日本儿童基金会祈祷树项目网页

图3-39 Phobiahz 设计机构网页

### 3.5.10 自由型

自由型网页版面构图讲究随机和自由，页面摆脱了传统网站网格设计的理性主义，而朝着洒脱、自由方向发展。页面具有轻松、活泼、偶然、轻快的风格。设计师在运用自由型版式时，要把握适度，妥当安排设计元素，否则容易造成版面混乱的感觉，见图3-40。

图3-40 韩国 Think-U 公司网页

# 第 4 章
# 网页色彩设计

## 4.1 网页色彩基础知识

### 4.1.1　色彩模式

在进行网页色彩设计之前，我们首先得了解网页显色原理和色彩模式。网页色彩的呈现依赖我们的计算机显示器、手机或平板移动终端屏幕。电子显示屏利用红（R）、绿（G）、蓝（B）光三原色的加色原理来呈现色彩。而我们传统的印刷色彩是通过青（C）、品（M）、黄（Y）色料三原色，外加黑（K）的减色法来调配色彩。由于成色原理的不同，决定了显示器、投影仪、手机屏幕这类靠色光直接合成颜色的颜色设备和打印机、印刷机这类靠使用颜料的印刷设备在生成颜色方式上的区别。因此，我们需要靠色彩模式的统一来适配不同的色彩输出设备。

#### 1.RGB 颜色模式

RGB 色彩模式是通过对红（R）、绿（G）、蓝（B）三种颜色通道的变化以及它们相互之间的叠加来得到各式各样的颜色的，见图 4-1。RGB 即是代表红、绿、蓝三个通道的颜色。RGB 色彩模式是目前运用最广的颜色系统之一。电脑的显示器、手机的

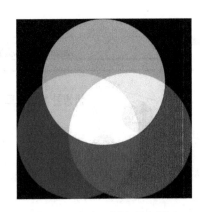

图 4-1　色光三原色加色混合

屏幕都是基于 RGB 颜色模式来创建其颜色的。因此，我们进行网页设计时，通常会选用 RGB 颜色模式。

### 2.CMYK 颜色模式

CMYK 颜色模式是一种印刷模式。其中四个字母分别指青（Cyan）、品红（Magenta）、黄（Yellow）、黑（Black），在印刷中代表四种颜色的油墨。CMYK 模式与 RGB 模式产生色彩的原理不同，在 RGB 模式中由光源发出的色光混合生成颜色，而在 CMYK 模式中由光线照到有不同比例 C、M、Y、K 油墨的纸上，部分光谱被吸收后，反射到人眼的光产生颜色。由于 C、M、Y、K 在混合成色时，随着 C、M、Y、K 四种成分的增多，反射到人眼的光会越来越少，光线的亮度会越来越低，所以 CMYK 模式产生颜色的方法又被称为色光减色法，见图 4-2。因此，我们在做印刷品设计时会采用 CMYK 颜色模式。

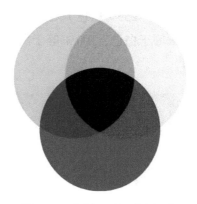

图 4-2　色料三原色减色混合

### 3.HSB 颜色模式

从心理学的角度来看，颜色有三个要素：色相（Hue）、饱和度（Saturation）和亮度（Brightness）。HSB 颜色模式便是基于人对颜色的心理感受的一种颜色模式。它是由 RGB 三基色转换为 Lab 模式，再在 Lab 模式的基础上考虑了人对颜色的心理感受这一因素而转换成的。因此这种颜色模式比较符合人的视觉感受，让人觉得更加直观一些。它可由底与底对接的两个圆锥体立体模型来表示，其中轴向表示亮度，自上而下由白变黑；径向表示色饱和度，自内向外逐渐变高；而圆周方向，则表示色调的变化，形成色环，见图 4-3。

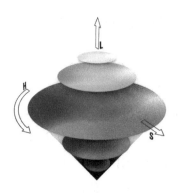

图 4-3　HSB 颜色模式

4. 灰度模式

　　灰度模式可以使用多达 256 级灰度来表现图像，使图像的过渡更平滑细腻。灰度图像的每个像素有一个 0（黑色）～ 255（白色）之间的亮度值。灰度值也可以用黑色油墨覆盖的百分比来表示（0％ 等于白色，100％ 等于黑色）。使用灰度扫描仪产生的图像常以灰度显示，见图 4-4。

图 4-4　灰度模式

5. 索引颜色模式

索引颜色模式是网上和动画中常用的图像模式，当彩色图像转换为索引颜色的图像后包含近256种颜色。索引颜色图像包含一个颜色表。如果原图像中颜色不能用256色表现，则Photoshop会从可使用的颜色中选出最相近颜色来模拟这些颜色，这样可以减小图像文件的尺寸。用来存放图像中的颜色并为这些颜色建立颜色索引，颜色表可在转换的过程中定义或在声称索引图像后修改。

### 4.1.2  色彩三要素

色彩三要素是指色彩可用色相、饱和度（纯度）和明度来描述。人眼看到的任一彩色都是这三个特性的综合效果，这三个特性即是色彩的三要素，其中色相与光波的波长有直接关系，亮度和饱和度与光波的幅度有关。

1. 色相

色彩是由于物体上的物理性的光反射到人眼视神经上所产生的感觉。色的不同是由光的波长的长短差别所决定的。作为色相，指的是这些不同波长的色的情况。波长最长的是红色，最短的是紫色。把红、橙、黄、绿、蓝、紫和处在它们各自之间的红橙、黄橙、黄绿、蓝绿、蓝紫、红紫这6种中间色——共计12种色作为色相环。在色相环上排列的色是纯度高的色，被称为纯色。这些色在环上的位置是根据视觉和感觉的相等间隔来进行安排的。用类似这样的方法还可以再分出差别细微的多种色来。在色相环上，与环中心对称，并在180°的位置两端的色被称为互补色，见图4-5。

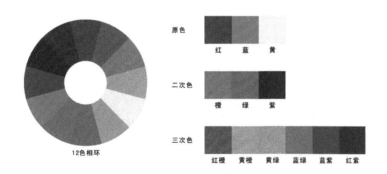

图4-5  12色相环

2. 饱和度

用数值表示色的鲜艳或鲜明的程度称之为彩度。有彩色的各种色都具有彩度值，无彩色的色的彩度值为 0，对于有彩色的色的彩度（纯度）的高低，区别方法是根据这种色中含灰色的程度来计算的。彩度由于色相的不同而不同，而且即使是相同的色相，因为明度的不同，彩度也会随之变化。

### 3. 明度

表示色所具有的亮度和暗度被称为明度。计算明度的基准是灰度测试卡。黑色为 0，白色为 10，在 0 ~ 10 之间等间隔的排列为 9 个阶段。色彩可以分为有彩色和无彩色，但后者仍然存在着明度。作为有彩色，每种色各自的亮度、暗度在灰度测试卡上都具有相应的位置值。彩度高的色对明度有很大的影响，不太容易辨别。在明亮的地方鉴别色的明度是比较容易的，在暗的地方就难以鉴别。

# 4.2 色彩的情感

## 4.2.1 红色的表情特性

红色是热烈冲动强有力的色彩，它能使肌肉的机能和血液循环加快，红色容易引起注意。红色在高饱和状况时，能够向人们传递出或热烈、或喜庆、或吉祥、或兴奋、或生命、或革命、或庄重、或激情、或敬畏、或残酷、或危险等心理信息，见图 4-6、图 4-7 和图 4-8。

图 4-6　Kitchenaid 品牌搅拌机网页

图 4-7　Intromusique 公司网页

图 4-8　branthickey 公司网页

### 4.2.2　橙色的表情特性

橙色是欢快活泼的色彩，是暖色系中最温暖的色，它使人联想到金色的秋天，丰硕的果实，是一种富足快乐的颜色。橙色处于最饱和状态时，多向人们传递出或光明、或华丽、或富裕、或丰硕、或成熟、或甜蜜、或快乐、或温暖、或辉煌、或丰富、或富贵、或冲动等心理信息，见图 4-9 和图 4-10。

图 4-9　航站楼设计机构网页　　　　图 4-10　葡萄牙科英布拉大学网页

### 4.2.3　黄色的表情特性

黄色灿烂辉煌，有着太阳般的光辉，象征着照亮黑暗的智慧之光。黄色有着金色的光芒，象征着财富和权利。黄色冷漠、高傲、敏感，具有扩张和不安宁的视觉印象。黄色是各种色彩中，最为娇气的一种色。只要在纯黄色中混入少量的其他色，其色相感和色性格均会发生较大程度的变化，见图 4-11、图 4-12 和图 4-13。

图 4-11 Kewpie 食品网页

图 4-12 Desimer 儿童服务网页

图 4-13 Comvex 公司网页

### 4.2.4　蓝色的表情特性

　　蓝色是博大的色彩，天空和大海这辽阔的景色都呈蔚蓝色。蓝色是永恒的象征，它是最冷的色彩。蓝色性格朴实而内向，是一种有助于人头脑冷静的色，见图 4-14。蓝色的朴实、内向性格，常为那些性格活跃、具有较强扩张力的色彩提供一个深远、平静的空间，成为衬托活跃色彩的朋友，见图 4-15。如果在蓝色中分别加入少量的红、黄、黑、橙、白等色，均不会对蓝色的性格构成较明显的影响力，见图 4-16。

（a）

（b）

图 4-14　prompt 设计机构网页

图 4-15　资生堂 ANESSA 防晒霜网页

图 4-16　HUNGRYWEB 电子商务网页

### 4.2.5　绿色的表情特性

在可见光谱中，绿色光波恰居中央位置，其明视度不高，刺激性适中，因此对人的生理和心理影响均显得较为平静、温和，见图 4-17。绿色是具有黄色和蓝色两种成分的色。在绿色中，将黄色的扩张感和蓝色的收缩感相中和，将黄色的温暖感与蓝色的寒冷感相抵消，这样使得绿色的性格最为平和、安稳。绿色是一种柔顺、恬静、满足、舒适的色彩，见图4-18。

（a）

（b）

图4-17　OGreen品牌公司网页

（a）

（b）

（c）

图 4-18　quatrofolhas 农场网页

### 4.2.6　紫色的表情特性

在可见光谱中，紫色波长最短，属于冷调区域的色彩。紫色明视度和注目性最为虚弱，是黄色的补色。紫色的低明度给人一种沉闷、神秘的感觉。饱和度极高的紫色给人高贵、端详、庄重、虔诚、梦幻、冷艳、色情、神秘、压抑、傲慢、哀悼等感受，见图 4-19、图 4-20 和图 4-21。

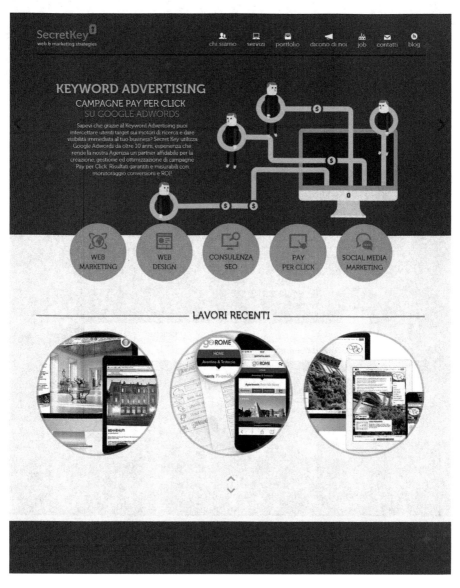

图 4-19　Secret Key 设计机构网页

图 4-20　麦当劳快餐食品荷兰官方网站

图 4-21　个人设计师网页

图 4-22　juliosilver 设计机构网页

### 4.2.7　白色的表情特性

从光的性质来说，白色是光谱中全部色彩的总和，故有"全光色"或"复合光"之称，是万色之源的颜色。白色的色感光明，有像雪一样一尘不染的品貌特质，使人们常能从中得到纯洁、神圣、清白、朴素、光明、洁净、坦率、正直、无私、空虚、缥缈、臣服等感受，见图 4-23 和图 4-24。

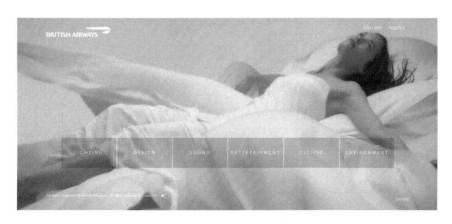

图 4-23　英国航空公司官网

（a）

（b）

（c）

图 4-24　Jack Jones 品牌服装网页

### 4.2.8　黑色的表情特性

黑色是全色相，即饱和度和亮度为 0 的无彩色。黑色可以表现庄重和高雅，恰好地运用能较好地衬托其他色彩。在只使用黑色而不用其他颜色的时候，大面积的黑色会有一种沉重的感觉。黑色可以流露出高雅、神秘、权力、严肃、刚正、坚毅等气质，见图 4-25 和图 4-26。

图 4-25　ConnectedDrive "联网驾驶" 服务公司网页

图 4-26　HAIRCUT & BEARD 男士美容服务机构网页

# 4.3 网页色彩搭配

### 4.3.1 网页色彩搭配原则

在进行网页色彩搭配方案之前，我们需要理解一些网页色彩搭配原则，并适度地遵循这些原则以达到最好的配色效果。

#### 1.色彩的鲜明性

用户在上网过程中会浏览成百上千的页面，色彩鲜艳的网页更容易引起人的注意。因此，为了尽快地抓住用户的视线，让用户很轻松地捕获网页中的图文信息，实现界面的友好，网页色彩搭配时通常会选择色彩鲜明的颜色。保证页面色彩的鲜明性，这是网页设计师常会遵循的网页色彩搭配原则，见图 4-27。

图 4-27　CROWD FUNDING 公司网页

2. 色彩的独特性

要使用户对网页留有深刻的印象，我们可以采取很多的方式，其中，采用与众不同的色彩，可以使得用户对你的网页印象强烈。色彩的独特性让网页有了自己的个性，因而能从众多的网页中脱颖而出，见图4-28。

图4-28　sehen und ernten 设计机构网页

3. 色彩的合适性

网页色彩的选择要与网页的主题内容以及页面所要传达的气氛相适合。网站的类型很多，不同类型与主题的网站对色彩的需求不尽相同。如政府或一些非营利性机构的官方网站，在色彩的选用上应十分慎重，需考虑国家和地区以及民族对色彩的偏好和禁忌。商业网站和个人网站色彩的自由度相对灵活，但同样也得考虑色彩合适性的问题，如以女性为主要访问对象的购物网站可采用粉红、粉蓝等柔性色彩，见图4-29。

图 4-29 梵克雅宝公司网页

4.色彩的联想性

不同色彩会产生不同的联想，这些联想能给用户带来不一样的色彩感受，如蓝色想到天空、黑色想到黑夜、红色想到喜事等，网页设计师选择色彩要与网页的内涵相关联，让用户通过对色彩的联想获得较理想的视觉体验，以便更好地理解和记忆网页，见图 4-30。

图 4-30 macys 主题网站

### 4.3.2 网页非彩色搭配

什么是非彩色搭配？顾名思义，就是用黑色、白色、灰色三种颜色进行搭配。黑白两色是最基本的搭配，黑底白字、白底黑字都能清晰明了地表现网页内容，见图4-31。黑白的搭配，或者与其他色彩搭配都可以产生很强烈的对比，使所需要展现的主体鲜明突出，见图4-32。灰色则是一种万能色，可以和任何色彩搭配，还可以调和两种对立的色彩，使它们和谐过渡，见图4-33。

（a）

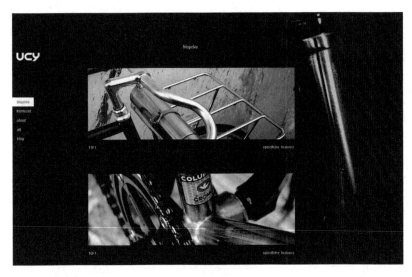

（b）

图 4-31　ucy 自行车专题网站

（a）

（b）

图 4-32　名爵汽车专题网页

图 4-33　奔驰中国官网

### 4.3.3　网页有彩色搭配

**1. 色调把握**

在进行网页色彩设计时，要考虑网站的主题内容、网站类型、行业特点、色彩心理、民族特点、文化传统等因素，采用适合的色彩，形成一定色调关系。从色彩的冷暖角度可把网页色调分成暖色调、冷色调和对比色调。

暖色调——即红色、橙色、黄色、赭色等色彩的搭配。这种色调的运用，可使页面呈现温馨、和煦、热情的氛围，见图 4-34。

图 4-34　DoneDone 公司网页

冷色调——即青色、绿色、紫色等色彩的搭配。这种色调的运用，可使页面呈现宁静、清凉、高雅的氛围，见图 4-35。

图 4-35 韩亚航空公司网页

对比色调——即色性完全相反的色彩搭配在同一个空间里。例如：红与绿、黄与紫、橙与蓝等。这种色彩的搭配，可以产生强烈的视觉效果，给人亮丽、鲜艳、喜庆的感觉。当然，对比色调如果用得不好，会适得其反，产生俗气、刺眼的不良效果。这就要把握"总体协调，局部对比"这一个重要原则，即总体的色调应该是统一和谐的，局部的地方可以有一些小的强烈对比，见图 4-36。

图 4-36 牛顿跑鞋网页

2.有彩色在网页设计中的搭配应用

（1）红色搭配

红色是非常容易吸引人注意力的颜色，能够给人以温暖热情的感觉。红色给人有活力、积极、热诚、温暖、积极向上的精神和形象，因此在网页上被广泛地运用。红色的搭配主要是：①在红色中加入少量的黄，会使其热力强盛；②在红色中加入少量的蓝，会使其热性减弱，更加文雅和柔和；③在红中加入少量的白，会使其性格变得温柔，呈现含蓄、羞涩和娇嫩，见图4-37。

图4-37　百威啤酒网页

（2）黄色搭配

黄色能够象征希望、权力和功名，还带有神秘的宗教色彩，黄色还能给人明亮、充满甜蜜和幸福的感觉，很多设计师通常在作品中运用黄色来表现喜庆和华丽的感觉。黄色的搭配主要是：①在黄色中加入少量的蓝，呈现嫩绿色，使其出现平和、潮润的视觉效果；②在黄色中加入少量的红，呈现橙色，成其热情和温暖；③在黄色中加入少量的白，呈现柔和色彩，让它变得含蓄、亲和，见图4-38。

图 4-38 berenikaczarnota 品牌服装网站

（3）蓝色搭配

蓝色给人以冷漠、性格朴实而内向的感觉，可以为活跃、具有较强扩张力的色彩提供深远、广博、平静的空间。即便是在蓝色中分别加入少量的红、黄、黑、橙、白等色，均不会对蓝色的性格构成较明显的影响。蓝色的搭配主要是：①蓝色中加入橙黄，将呈现甜美、亮丽和芳香的感受；②蓝色中加入白，将凸显轻盈、安静的感受，见图4-39。

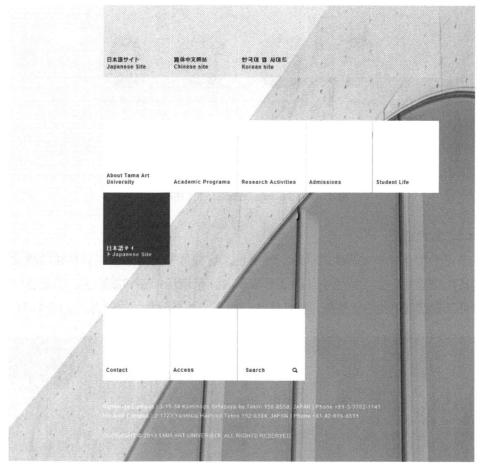

图4-39　多摩美术大学网页

（4）绿色搭配

绿色是最平和、安稳、柔顺、恬静、满足、优美的色彩。绿色的搭配主要是：①绿色中黄色较多时，呈现活泼、友善和幼稚的性格；②绿色中加入少量的黑，呈现出庄重、老练和成熟；③在绿色中加入少量的白，呈现了洁净、清爽和鲜嫩，见图4-40。

图 4-40　3dhubs 品牌 3D 打印机构网页

（5）紫色搭配

紫色是所有色彩中明度最低的一种颜色，这种低明度给人沉闷和神秘的感觉。紫色的搭配主要是：①在紫色中红的成分较多时，呈现压抑感和威胁感；②紫色中加入白，可以去其沉闷的感官感受，呈现优雅、娇气，并充满女性的魅力，见图 4-41。

图 4-41　REEL EFFECT 品牌设计机构网页

### 4.3.4  网页色彩搭配技巧

#### 1.同一色彩不同明度

首先选定一种颜色，然后调整透明度或者饱和度，将网页背景、文字、边框等元素都控制在此色彩中，只是在明度上有所变化。这样的页面看起来色彩统一，有层次感，见图4-42。

图4-42  同一色彩不同明度网页示例

#### 2.使用对比色

首先选定一种色彩，然后选择它的对比色。在使用这一设计手法的时候，我们需要熟悉色环，或者准备一个色环参考，这样可以使我们直观地看到对比的色彩。影响对比色配色效果的重要因素在于使用的色调，因此我们需要根据不同的主题内容确定色调来进行对比配色，见图4-43。

图4-43  对比色网页示例

### 3.使用同类色、类似色

同类色、类似色适合塑造整齐统一的气氛，网页采用此种配色方式能呈现十分和谐的视觉效果，但是应注意画面色彩过于近似而平淡，造成缺少色彩对比，而使页面不够响亮，见图4-44。

图4-44　同类色网页示例

### 4.非彩色和有彩色结合

深浅不同的灰色与较单一的有彩色搭配是比较安全的配色方案，非彩色能让喧闹的彩色彼此协调统一，有彩色能打破非彩色的沉闷和单一，非彩色和有彩色恰到好处地结合能相互补充，呈现相得益彰的页面效果，见图4-45。

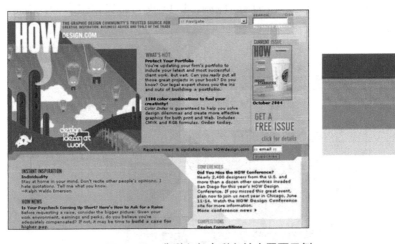

图4-45　非彩色与有彩色结合网页示例

# 第5章
# 网页元素设计

## 5.1 网页构成元素设计

### 5.1.1 导航设计

#### 1. 导航的定义

网站导航可以帮助上网者找到想要浏览的网页、想要查找的信息，几乎每个网站都有自己的网站导航系统为网页的浏览者提供导航服务，也有专业的导航网站提供专业导航服务。

导航栏能让读者在浏览时容易地到达不同的页面，是网页元素非常重要的部分，所以导航栏一定要清晰、醒目。一般来讲，导航栏要在"第一屏"能显示出来，横向放置的导航栏要优于纵向的导航栏，原因很简单：如果浏览者的第一屏很矮，横向的仍能全部看到，而纵向的就很难说了，因为窗口的宽度一般是不会受浏览器设置影响的，而纵向的不确定性要大得多。

#### 2. 网站导航分类

多数网站会提供多重的导航系统，包括以下9种。

全局导航：即贯穿整个网站的导航。在网站的任何一级页面都存在，是网站架构中权重最高的导航，统领整个网站的信息架构，决定网站的布局和信息组织、分类，通常为固定模式。图5-1是京东商城首页的导航，图5-2是京东商城的超市页导航，超市页与首页沿用了同一个导航，这就是贯穿整个网站的全局导航，便于用户在网站的任何位置都能回到导航链接中的主要页面。

图5-1 京东商城首页全局导航

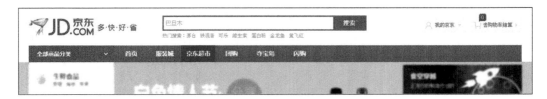

图 5-2　京东商城超市频道全局导航

局部导航：是在全局导航之下的用于访问下级结构的导航，提供页面的父级、兄弟级、子级通路，经常作为全局导航下一个内容分支的引导，图 5-3 是京东商城首页服饰鞋包模块，图中横向和纵向均提供了进入下级页面的局部导航，这里的局部导航是针对网站某一模块而言的下级导航。图 5-4 中的右侧半透明导航也是局部导航的一种，它提供了进入网站的另一种方式。局部导航的形式有很多，如树状导航、垂直菜单、水平导航（见图 5-4）、动态菜单（见图 5-6）等。

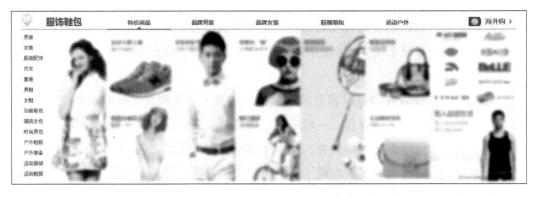

图 5-3　京东商城局部导航（上方、左侧）

图 5-4　聚美优品局部浮动导航（右侧）

图5-5　聚美优品美妆商城局部导航

图5-6　乐蜂网局部导航

　　公用程序导航和页脚导航：这两类导航通常是由全局性的应用操作链接组成，如退出系统（见图5-7）、切换账号、寻求帮助或是切换到网站的其他服务页面（见图5-8）等。页脚导航通常会链接到相关的友情网站或网站的同类频道（见图5-9）。

图5-7　QQ邮箱公共程序导航

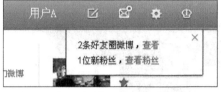

图 5-8　新浪微博公共程序导航

图 5-9　EZFM 官方网站页脚导航

　　分步导航：是一种线性引导方式，即前后的步骤是按照时间顺序排列的。分步导航能够让用户更明确和快速地完成任务。图 5-10 和图 5-11 通过抽象的箭头形式及彩色和灰色的对比清晰地告诉读者目前所处的位置，明白下一步即将进行的操作，提升了用户体验的好感度。

图 5-10　当当网分步导航

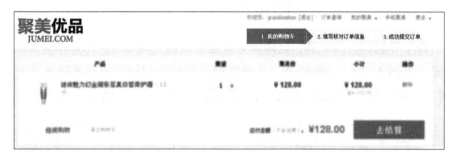

图 5-11　聚美优品分步导航

面包屑导航：直接记录了用户访问网站的路径，表明当前所处的位置并提供返回上一级页面或是上一个访问页面的链接。图5-12、图5-13和图5-14都是面包屑导航在网站中的实际运用。导航的最后一处文字表明了用户的当前所在页面，用户可以通过点击导航的其他位置进入上一级页面，并能够清晰地看到自己的访问轨迹。

图5-12　搜狐网新闻频道面包屑导航

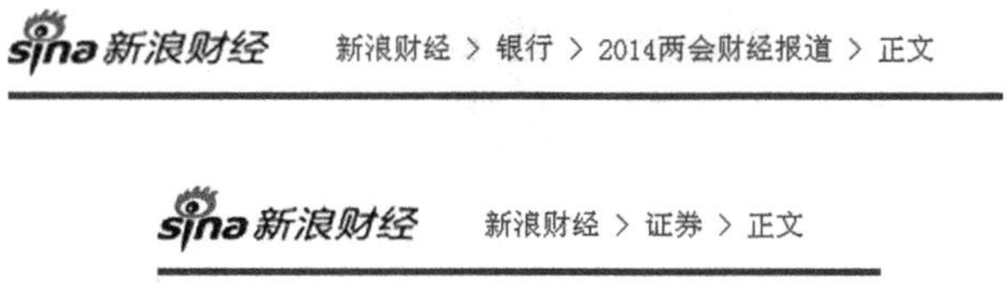

图5-13　新浪财经频道面包屑导航

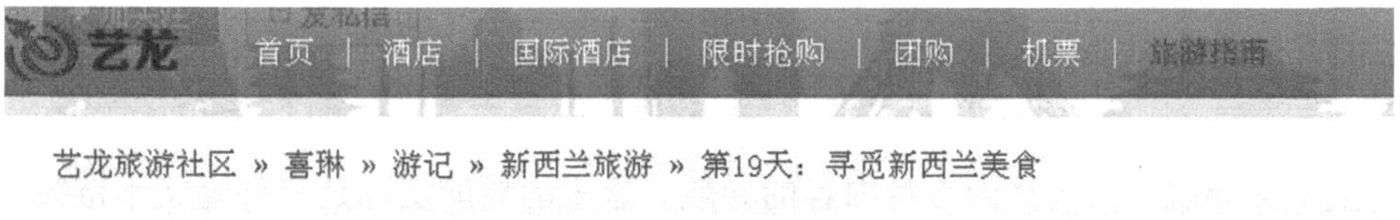

图5-14　艺龙网面包屑导航

搜索型导航：搜索类导航可以方便用户快速定位内容或是任务，通过搜索和筛选可以提高用户行为路径的效率，内容的层级化也使信息更为清晰明确。图5-15在页面中间的局部导航中嵌入了搜索框和选择框，便于用户更直接地定位到自己希望看到的内容。

图5-15　搜索型局部导航示例（爱卡汽车网）

翻页导航：翻页导航使用户停留的信息层级保持不变，使该行为可以不断延续下去，图5-16是横向的翻页导航，5-17是纵向翻页导航，在上一页与下一页切换时页面的框架结构是不变的，内容是更新的。

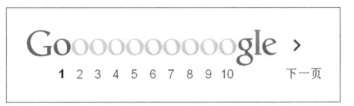

图5-16　google网站翻页导航

图5-17　新浪微博翻页导航

上下文导航：嵌入页面自身内容的导航。这里的导航实际是一种超文本链接，单击后跳转到相关的内容，通常是对链接文本的一种解释说明。图5-18中红色方框圈起来的文字，点击之后会跳转到当前页面的相应位置显示相关内容。

图5-18　维基百科网站上下文导航

3. 网站导航功能

网站的导航设计必须完成以下目标。

（1）提供给用户在网页之间跳转的方法

这是网站导航的基本功能，即超链接功能：通过导航中包含的各级页面标题信息完成对整个网站的浏览（见图 5-19）。

图 5-19　《魔兽世界》官方网站导航

（2）传达出这些元素和它们所包含内容之间的关系

即目录层级指示作用，一些网站导航具有一定的动态效果，当鼠标经过时会显示其包含的下级页面的导航内容。这样的导航设计使网站内容层级更为清晰，方便用户在最短的时间内掌握需求信息的位置，见图 5-20、图 5-21 和图 5-22。

图 5-20　Artstour 网站导航

图 5-21　E1orangecard 网站导航

图 5-22　POCO 网站导航

（3）传达出它的内容和用户当前浏览页面之间的关系

即用户位置指示作用。这一功能在导航设计中是必不可少的，网站导航需要告诉用户，他当前所处的页面的名称和位置，以便于进行后续的浏览。这一功能通常通过区分当前导航文字的字体、字号、字色或背景色实现。图 5-23 中，当前页面的导航为橙色，与其他白色导航文字有所区分，图 5-24 和图 5-25 则分别通过改变文字的背景色块和图像指示出当前浏览页面是属于全局导航的一个模块。

图 5-23　Angel in us coffee 网站导航

图 5-24　土豆网

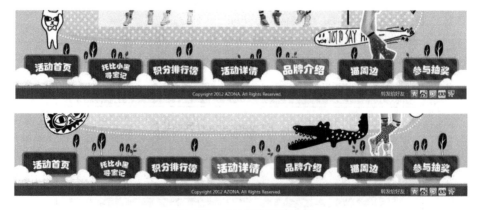

图 5-25　a02 官方网站导航

4. 网站导航位置

（1）水平导航

水平导航较为常见的有顶部水平导航和底部水平导航。顶部水平导航可以最先、最快的被显示出来。底部水平导航能够给主体视觉形象更大的空间，便于形象的展示（见图5-26）。

图5-26 a02官方网站底部水平导航

（2）垂直导航

垂直导航是常规的导航位置，与计算机系统的桌面应用程序设计约定俗成，因为人的阅读习惯是从左向右，所以通常将导航放在页面左侧，这样有利于在用户头脑中构建清晰的网站内容框架（见图5-27），同时，垂直导航占的页面空间较大，适合内容相对少的网站做主导航，不适合门户网站。

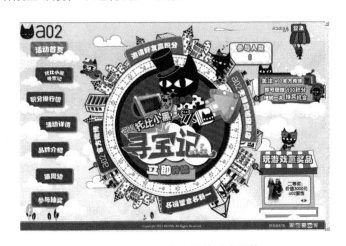

图5-27 a02官方网站垂直导航

（3）灵活导航

灵活导航会带来较为灵活的版面设计形式，运用时应注意导航与其他视觉元素空间的位置关系。不可无原则随意放置。

### 5.1.2 网页文字设计

文字是网页的重要组成部分。无论在何种类型的页面中，文字和图片都是其两大构成要素。文字排列组合的好坏，直接影响着网站的视觉传达效果。因此，文字设计是增强网站视觉效果，提高辨识度，赋予网页审美价值的一种重要构成元素。

文字具有传达感情的功能，因而它必须具有视觉上的美感，能够给人以美的感受。字型设计良好，组合巧妙的文字能使人感到愉快，留下美好的印象，从而获得良好的心理反应。反之，则使人看后心里不愉快，视觉上难以产生美感，甚至会让观众拒而不看，这样势必难以传达出作者想表现出的意图和构想。

在网页设计中，文字分为作为形象的文字和作为正文的文字。在形象的文字设计中，文字既具有阅读性、信息性，又作为网站页面的装饰元素出现，为网页设计进行润色和装饰。作为正文的文字在设计和排版时则需要注意文字的字体、字号，需要把用户的阅读舒适性作为第一考虑要素。

#### 1.形象文字设计

网页中的形象文字是作为网页的主体视觉元素出现的，一般出现在页面的顶部，与顶部图片具有同等重要的作用。形象文字一方面具备文字本身的功能——传递信息，另一方面也体现着网站的主题和风格，具备一定的装饰性，它的字形、色彩、纹理都具有较大的设计空间。图5-28形象文字放大之后进行了字体变形设计，体现出速度感，与右侧的火箭相互映衬。

图5-28　字体变形设计（新浪微博）

虽然用于阅读和介绍内容是第一位的，但无论是书法体或是字库中的印刷字体都有自己的艺术特征。对于网页中的形象文字更是如此，设计师通过采用多样的视觉表现手法来创新和变化文字的形式，以体现不同网页的内容特征，符合内容需要。进行文字设计时，不管如何发挥，都应以易于识别为宗旨。

（1）书法风格的形象文字

书法字在使用时要特别注意。很多的字库都会提供书法风格的字体，然而并不是每个字库里的书法字都是可以随便拿来使用的。在一幅优秀的书法作品中，文字大小并不是规矩的按照方块字的规格来书写，而是大小不一、错落有致，因此很多字库提供的书法字体并不适合组合使用，如果只是单纯的组合起来而不加以字形的处理往往会显得很蹩脚。要想在设计中较好地使用书法字体并且获得设计的层次感和丰富性，需要使用电子书法字典，在字典中尽量选取同一书法家的文字，然后再进行组合和编辑（见图5–29）。在具体的设计中，通常使用书法字与印刷字体相结合以呈现出更丰富的层次（见图5–30和图5–31）。

图5–29 手把件网站字体设计（作者：袁瑞苓 单晓诚）

图 5-30　中秋节专题页设计（网易游戏频道）

图 5-31　书法字的应用示例（搜狐网世博会专题页）

（2）笔画整齐的印刷字体

印刷字体指供排版印刷用的规范化文字形体。中国汉字常用宋体、仿宋体、楷体、黑体和各种艺术字。印刷字体造型规整、统一，富于力度，给人以简洁爽朗的现代感，便于排版设计，有较强的视觉冲击力。

在网页设计中，为了突出主体文字的风格经常使用印刷字体变形进行设计，通过文字的大小、硬度、粗细变化及组合体现页面主题，见图 5-32 和图 5-33。

图 5-32　印刷字体变形设计（京东商城）

图 5-33　印刷字体变形设计（京东商城）

（3）强调质感和肌理的形象文字

文字的质感可以渲染页面的气氛，对质感的强调也可以使文字区别于其他文字。图5-34中的数字"2"和图5-35中的数字"1212"都进行了质感设计，丰富了页面层次，突出了专题中的时间概念。图5-36中的页面由文字和背景图案组成，文字的纹理与背景图案之间的呼应让页面更加协调。图5-37和图5-38的标题文字都进行了光效的处理，这样的设计处理使文字突出于整个页面，更加醒目和丰富。

图5-34　数字水晶质感设计（京东商城）

图5-35 数字质感设计（一号店网上超市）

图 5-36　文字的肌理设计（作者：李亚卓）

图 5-37　英文字质感设计（boksquiz 网站）

图 5-38　光影效果字体设计（魔兽世界官网）

（4）卡通、手写感的形象文字

卡通和手写感的形象文字使页面具备童趣，也可以拉近与用户的距离，使用户感到亲切。卡通字体的外形圆润，转折柔和，以儿童相关内容为主题的网站通常使用卡通字体（见图5-39）。在个人网站中，手写感的形象文字应用较为广泛，体现网站主人的个性（见图5-40）。

图5-39　卡通字体的应用（giselejaquenod网站）

图5-40　手写感字体的应用（yayoi-kk网站）

### 2. 标题文字设计

信息传播是文字的主要功能，标题文字在网页中是某一类模块和栏目的标题，因此在进行标题文字设计时，除了要体现出文字本身的含义，还要注意文字的层级性和秩序感。在标题文字设计中最容易犯的错误就是标题文字与正文文字层级区分不明确、识别性不高。

在设计中一般采用加粗、放大字号、改变字体、增加背景色块等方式来区分标题文字和正文，使页面整体更有秩序，见图5-41和图5-42。

图5-41　以色块为背景的标题（腾讯网游戏频道）

图5-42　以图像为背景的标题设计（腾讯网新闻频道）

### 3. 正文文字设计

网页正文文字是承载网页内容信息的主体，设计时首先要满足的就是文字的识别性和阅读的流畅性。

（1）正文字体

网页设计中正文字体最常用的为宋体，几乎所有国内门户网站的正文都是由宋体组成（见图5-43）。这里的宋体是指操作系统自带的默认宋体，而不是外挂字库中的宋体。宋体的笔画均衡、粗细适中、字形方正，应用于整个段落中时版面的识别性较好，在阅读时不会带来疲劳感。

图 5-43　搜狐网

近年来用微软雅黑作为正文字体的页面设计也较为常见，但微软雅黑的笔画比宋体要粗，在整段排列时会造成一定的识别困难。

英文字体常用的是 times new roman 和 arial，相当于中文中的宋体和黑体。

（2）正文字号

网页设计中，正文字体为达到最合适的阅读程度，一般设置为 12px、14px、16px、18px 在页面设计时需要采用 PS 中的"无样式"以达到与最终显示效果一致。

当选用宋体为正文字体并设置成无样式时，有时用加粗的方法区分字体的层级。值得注意的是 12px、14px、16px 的宋体无样式文字在加粗后是可以得到较好的显示效果的，而 18px 的宋体无样式文字则不能加粗使用，否则会产生有锯齿视觉效果的文字，降低阅读的舒适感（见图 5-44）。

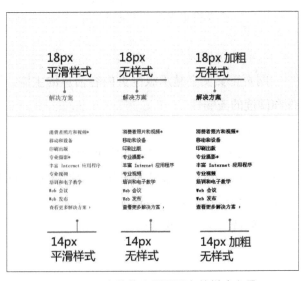

图 5-44　宋体作为网页正文的样式应用

（3）字距与行距

网站页面内对字距和行距的设定将直接影响到页面给用户的直观心理感受和页面风格的确定。

在一个网页页面中编排大量的内容信息时，可以用文字的大小和对字距、行距的处理，强调它们的重要程度和阅读顺序。行距越大，单个字越突出。一般情况下标题的字号和字距都较大，距离正文的行距也比正文本身的行距大，以此和正文内容形成较明显的对比。

从设计的角度来看，较小的标题在页面中形成长方形的窄面，大量的正文文字在页面中形成一个个灰面，通过将大小不同的文字块面穿插在一起，形成丰富的版面（见图5-45）。从内容的角度来看，通过文字字距、行距、字号的区分把内容的层级体现出来，便于信息的查找和阅读。

图5-45　标题与正文在网页中形成的块面关系

（4）文字的空间

文字在网页页面设计中除了传达信息的基本功能外，也是画面构成的重要组成部分。一个视觉效果好的网页并不单是通过图片塑造的，在页面的设计空间里，标题、段落等文字元素可以形成点、线、面，它们的大小、明度、面积对于整个页面的视觉形象产生了直接的影响。

文字的空间包括二维空间和三维空间。网页页面中最常见的文字形式是二维的、平面的。小标题及正文大多通过二维的方式进行呈现。在设计文字的二维空间时要注意文字与自身的面板及与周围内容的距离（见图5-46），只有文字周围流出适当的空间才能保证页面的合理和舒适。

图5-46 同一段文字的不同空间安排

在只有长宽的二维空间中表现出深度的感觉，对于页面设计而言是非常重要的。页面中有了视觉上的三维空间效果，才会显得更加活跃及深远，有些三维空间是靠图像本身的空间感完成的（见图5-47），有些则是通过图形化的文字来创造空间感（见图5-48）。

图5-47 有三维空间感的字体设计（Adoniscc网站）

图5-48 用夸张透视体现空间感的字体设计（Spilt网站）

### 5.1.3　热区设计

热区在网站中的作用是不容忽视的，热区是用户与网站之间交谈的"桥梁"。用户通过对热区与菜单进行单击、双击、拖动、划过等操作，来完成与网站之间的交互。可以说凡是鼠标经过有响应的区域都可以叫作热区。在进行热区设计时，要至少考虑热区的两个状态：无触碰时和鼠标经过时，有些时候鼠标按下也会设计相应的视觉效果。鼠标经过的状态可以提醒用户某区域是可以点击交互的。随着扁平化设计风格的流行，鼠标经过状态被弱化，用户只能通过鼠标指针由箭头变成小手来判断热区位置。

#### 1. 文字热区

文字热区是较常见的一种热区形式，在进行文字热区设计时要注意与普通文字的样式进行区分，通常作为热区的文字会在鼠标经过时有响应，如出现下划线、改变字色、改变字体粗细等。

#### 2. 按钮热区

按钮热区是将热区设计成按钮的形式，这样设计可以使热区更为突出和醒目，按钮由于具有比文字更大的触控面积和形象的视觉设计，使用户获得了更为便利、舒适的体验。利用渐变等方法，将按钮设计成凸起的效果，更具有真实感（见图5-49）。在网站的头图设计中，一些页面采用图片轮换的方式，其中切换图片的按钮只要鼠标经过无须点击就可以发生交互（见图5-50）。

图5-49　购物网站按钮设计

图5-50　图片轮换按钮示例（阿里云网站）

### 3.图片热区

图片热区也是一种常用的热区形式。使用图片做热区可以更直观地向用户传递下级页面的内容，在新闻类、购物类、产品展示类的网站页面中使用较多。在图片热区中，鼠标经过状态的设计可以让用户在交互时体验到乐趣，产生沉浸感。图 5-51 在鼠标经过图片时图片被半透明的绿色遮盖，并出现放大镜图标，提示用户该图片可以点击放大。图 5-52 的交互效果是当鼠标经过图片（图中示意为左上角图片）时图片变亮。

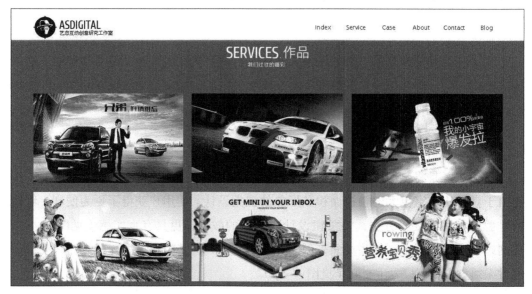

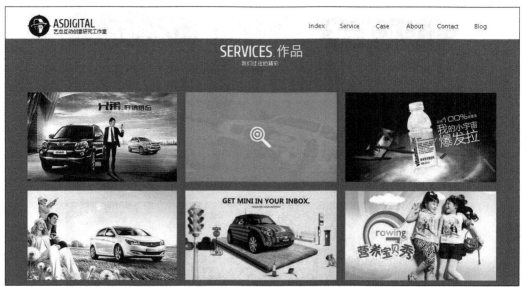

图 5-51　AsDigital 艺态互动创意研究工作室

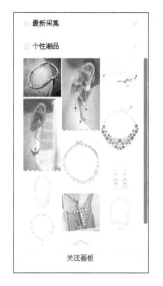

图 5-52　花瓣网

**4. 图文热区**

随着网页设计技术的进步，许多网站将图文结合的页面区块设计为热区，见图5-53。购物网站的热区设计，将商品和商品说明的区块设计为整体的热区，当鼠标经过图文区块后会显示出相关的介绍，并用红框将整体圈起来。这样的设计可以使用户获得更准确的信息，也更方便用户对商品的属性进行了解。

图 5-53　图文热区设计示例（折800网站）

### 5.1.4　图标设计

互联网带宽的发展使得复杂和绚丽的图标设计拥有了更大的展示空间。在网页中，图标不仅是华而不实的装饰，正确和适度地使用图标能够帮助用户更好地识别有效信息。

1. 形象图标与象征图标

形象图标的设计是根据实物进行提炼和抽象而设计出。当人们面对陌生的图标时通常试图使用现有的常识来理解它们，通过联想生活中相似的形象来推断图标的含义。图 5-54 和图 5-55 分别表示购物车和活动抽奖，图 5-56 为网站导航中的形象图标设计。这种易于与生活经验相联系的图标设计使网站的可用性大大增强了，用户在浏览网站时能够获得更舒适的体验。

图 5-54　购物车图标图

5-55　活动抽奖图标

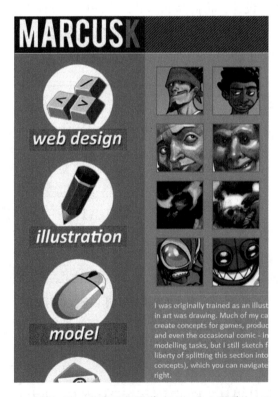

图 5-56　形象图标设计（Marcusk 网站）

　　象征性图标并不基于一个实际存在的物体，而是基于抽象符号进行设计，象征性图标具有一定的指引意义。图 5-57 和图 5-58 分别表示最新产品和播放视频，图 5-59则分别为用户收藏网页内容之前和收藏之后的图标状态。象征性图标虽然不如形象图标更容易联想，但由于用户在生活中对抽象形象也有一定的认知经验，因此也能够起到分类信息、引导用户的作用。

图 5-57　最新产品图标　　　　　　　　图 5-58　播放视频图标

图 5-59　添加为收藏图标和已收藏图标

## 2.视觉风格与识别速度

　　图标是先于文字被人眼识别的，因为它更为直观、更富于视觉冲击力，因此图标如何能在短时间内准确地被用户识别是图标设计成败的关键。在保证图标的识别性之后，还需要对其进行风格设计，使图标的风格与网站整体的设计相一致。在网页中，图标通常会随着辅助文字共同出现。在图 5-60 的网页中，左侧纵向导航的图标帮助用户快速找到产品类别，获取有效信息。图 5-61 中页面的导航也使用了图标，并赋予图标手绘的风格，在传递信息的同时增加了页面的趣味性。

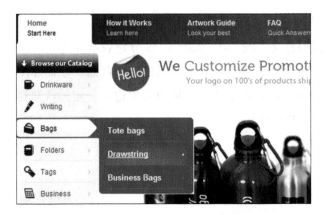

图 5-60　Customtoronto 网站

图 5-61　RedVelvetart 网站

# 5.2 网页媒体元素设计

## 5.2.1　媒体元素类型

信息交流与传播是人类生活和社会发展的重要条件。媒体在传播学中是指传播信息资讯的载体，即信息传播过程中从传播者到接受者之间携带和传递信息的一切形式的物质工具。任何信息的传递都是要通过一定的媒体来实现的。

媒体的概念主要有两个方面。一是从媒体的社会功能和作用讲，媒体是指进行大众传播的信息实体，如新闻、广播、电视、电影、广告、图书、电子出版媒体等。二是从媒体特征讲，媒体是指携带某种信息形式的载体，如文字、声音、图形、图像语音、音乐等。其特征是强调载体的信息形式。这里我们讨论的是第二种意义上的媒体。

### 5.2.2　网页媒体元素构成

网页中的媒体主要分为图、像、文、声四种。

（1）图

图，指图形。可以理解为除摄影以外的一切图形。

图形具有独特的艺术表现力和视觉魅力，容易引起用户的注意，激发用户的阅读兴趣。网站作品中包含装饰性图形和标识性图形，装饰性图形增强了作品的表现力和视觉效果，标识性图形从功能上指引用户与作品进行交互。在图形媒体的设计中，设计者具有较大的创新空间，然而一味追求创新甚至离奇并不是设计者的目标，通过简单明了、视觉冲击力强的图形来吸引用户，与用户更好地进行交互才是最终目的。

图形的独特设计：如下面的网站作品，其主界热区全部由图形组成，热区图形的变化自然、生动，热区图形的变化也构成转场，作品形式不拘一格。热区的图形变幻页面见图5-62，转场页面见图5-63。

图5-62　个人主页热区的图形变幻页面示例

图 5-63　个人主页转场页面示例

（2）像

像，分为静像和动像。静像即图像，动像包括动画和实拍影像。

静像层次丰富，具有逼真性，给人真实感，因此有较强的说服力。随着各种图像处理软件的升级，它的创新空间也在不断扩大。图 5-64 以打开的皮夹作为背景，并用钢笔作为按钮鼠标经过的效果，让用户更有体验感。图 5-65 和图 5-66 为电影《满城尽带黄金甲》的宣传网站，以真实场景来体现影片再现历史的逼真感，鼠标移过页面中央人物时，按钮音效为该人物的台词，以声像结合的手段体现电影情节点。

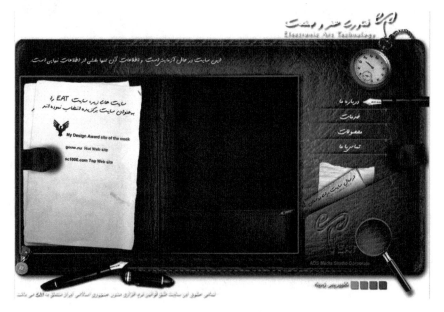

图 5-64　静像的真实感设计示例

图 5-65　真实场景在网页中的应用 1

图 5-66　真实场景在网页中的应用 2

图 5-67 和图 5-68 是关于音乐的网站页面，页面上都出现了视频框，但图 5-67 是以图形媒体为主，图 5-68 是以图像媒体为主。前者绚丽、新颖；后者真实、厚重。

图 5-67　图形媒体的应用

图 5-68　图像媒体的应用

　　图 5-69 是关于咖啡的网站作品，这组图体现了该作品转场的一个瞬间过程，即由手持咖啡杯的图形过渡到真实图像的过程，这一手法运用得得体、生动。

（a）　　　　　　　　（b）　　　　　　　　（c）

图 5-69　图形图像过渡专场换

　　动像包括动画和实拍影像。动画分为二维动画和三维动画，动画的运用可增强作品的趣味性和生动性，通过动画，设计师可以更为主观地把握作品风格。实拍影像具有比静像更高的真实性。

　　图 5-70 和图 5-71 是韩国的音乐网络杂志。图 5-70 中的主体人物运用了动像媒体，实拍影像的视频流。这种动像的去背处理方式在电影或电视剧片头中十分常见，把这种手法运用在网站作品中也别有一番新意。图 5-71 中主体（手持唱片的男孩）的动画由不同的静态图像变换形成，是静像构成的动像。该动画的视觉设计与音乐节奏相得益彰，有时尚感，很好地表达了作品主题。

图 5-70　视频影像在网页中的应用

图 5-71　连续图像在网页中的应用

　　网站作品中的动像视频布局关系到作品的风格和动性。图 5-72 是电影《满城尽带黄金甲》的影片片断页面。该页面对视频框进行了装饰，用来播放影片。图 5-73 的页面模仿了一种舞台效果，视频框在灯光的掩映之下显得更为逼真，层次也更加丰富。

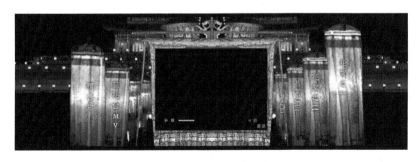

图 5-72　视频框布局 1

图5-73　视频框布局2

（3）文

文，指文字。

在网站作品中，文字包括出现在页面上的文本内容，也包括各种图形化的文字。

文本的编排方式与出现方式是具有种可能的设计，成功的文本编排和动画保证文字具有良好可读性，同时也兼顾了文字的视觉效果。

文字的图形化，是设计师的重要创作素材。文字本身就具有图形的美感，在设计中，文字常常用来营造一种气氛，形成作品韵律和节奏。文字的设计参见5.1.2节中的内容。

（4）声

声，包括音效、音乐和解说。

卓别林说过音乐在影片中"仿佛是动作的灵魂"。网站作品的声音包括音效、音乐和解说。

音效即"落地有声"，指触动热区按钮的声效或页面中伴随着动画、影视等视觉行为动作而产生的声效，音效可以协助视觉表现质感。

视觉元素能再现主题内容的形与色，音乐可以渲染、烘托气氛，它使网站作品具有了不可忽视的真实感和亲切感。当像和声有机协调，巧妙配合的时候就产生了立体的、连续的、完整艺术的效果，给用户一种真实的立体感受。音乐营造的是一种气氛，可以造成作品节奏的起伏，对作品的节奏变化起推动或预示作用；解说使网站作品更加立体和人性化。

图5-74是一位设计师的个人主页。页面的视觉元素全部采用图形媒体，作品风格活泼、轻松、幽默，每一个页面元素的出现都伴随着节奏感十足的音效，如下图中逐

渐增大的视频框，配上"咚咚咚"的三声音效，产生体量感和幽默的气氛。

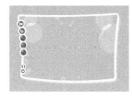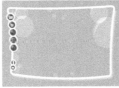

图5-74　设计师个人主页中的声效运用

图5-75是关于薯片的网站，用户对导航栏的每一次点击，都会迸发出图形化的小薯片，单击按钮时清脆的音效更体现了薯片的香脆，让用户垂涎欲滴。这是音效与视觉、与作品主题完美结合的一个成功例子。

图5-76金属质感的动画若没有音效就会大打折扣，这一作品在每一个动作点上都配了金属的音效，可谓"落地有声"。

图5-75　薯片品牌网站图

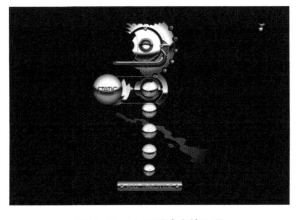

图5-76　金属质感声效运用

# 5.3 网页材质设计

材质的运用会给设计带来面层感，它是设计中的触感元素。在网页设计中，材质虽然只停留在视觉层面，但它可以带给人物理上的幻觉。材质的应用可以为页面增添粗糙、平滑、坚硬、柔软等感觉。

在页面中应用材质的方法有很多种，例如：用于网页背景、用于强调某内容、为设计增加雕刻或蚀刻的感觉。若想设计出视觉效果好的页面，就需要了解材质设计的重要性，以下实例展示了背景色在纯色和材质情况下页面设计的变化。纯色设计的平面感较强，而材质的运用则加强了设计的层次感。

### 5.3.1 网页材质运用分析

下面通过对同一内容的不同背景设计来感受网页的材质效果。

1. 无背景色、无材质的原始页面（见图5-77）

图5-77 原始页面（整个页面居中显示）

2. 使用简单格子材质的页面（见图5-78）

多数人在听到材质这个词的时候想到的是木头、皮毛、金属等效果，但实际设计中只要是任何可见的、非纯色的设计都属于材质的范畴。图5-78中使用简单的几何格子作为背景，这种材质的运用虽然不一定是最佳的设计，但已经打破了该设计原先略显单调的背景。

图 5-78　使用简单格子材质的页面

3. 使用灰色背景的页面（见图 5-79）

图 5-79　使用灰色背景的页面

灰色是一种常见的背景色，它的色彩适应性很好，能够与多种不同的色彩搭配出较好的效果。如果使用时间太久会显得不够有新意，此时可以尝试加入一些材质设计。

4. 背景为密集规则图案的页面（见图5-80）

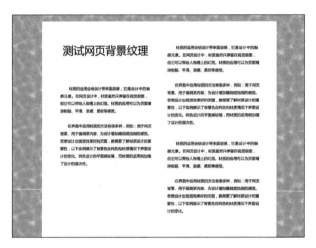

图5-80　使用密集图案的页面

　　本实例中的图案排列非常密集，但如果做一些处理用作背景色时则比单纯的灰色更加丰富。在使用这类图案的时候应该格外注意，如果不降低色彩的强度则可能喧宾夺主。本实例中的背景色如果在大屏幕的显示器上可能会显得过于拥挤，在设计时应考虑这一问题。

　　最好的材质设计反而是容易被忽视的，因为当你希望设计的内容脱颖而出的时候就不能让背景太突出，否则用户的视线将被集中在背景上，看不清页面上的其他内容。页面的背景应该使用户感到放松，背景在页面中是起衬托作用的。

5. 浅灰色背景页面（见图5-81）

图5-81　使用浅灰色背景的页面

在页面背景中使用一些中性色比纯白色更易于阅读。

这里浅灰色的背景颜色使背景色褪去一个层次从而使白底黑字的正文区域更加突出。但它和前面的灰色背景存在类似的问题，即会引起视觉疲劳，如果加入一些自然材质则会有较人的改善。

6. 自然材质在页面中的应用（见图 5–82）

本实例展示了沙滩效果在背景材质中的得体运用。

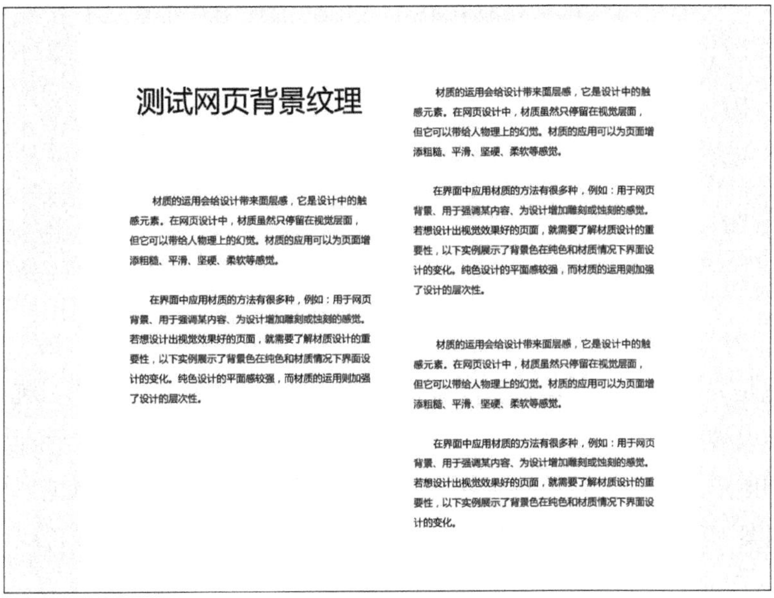

图 5–82　使用自然材质背景的页面

本实例利用一张沙滩图像制作材质，选取合适的单元进行无缝拼贴，然后降低了饱和度。处理之后生成的是安静的页面效果，可以保证阅读的舒适和顺畅，而不至于将注意力全部集中在背景上。

页面背景设计可以通过自然界来获取灵感，自然界存在很多舒缓的材质，即使将这些素材图像进行了较多的处理也还是会带给用户心理上的共鸣和舒适感。

7.中性色做背景的页面（见图5-83和图5-84）

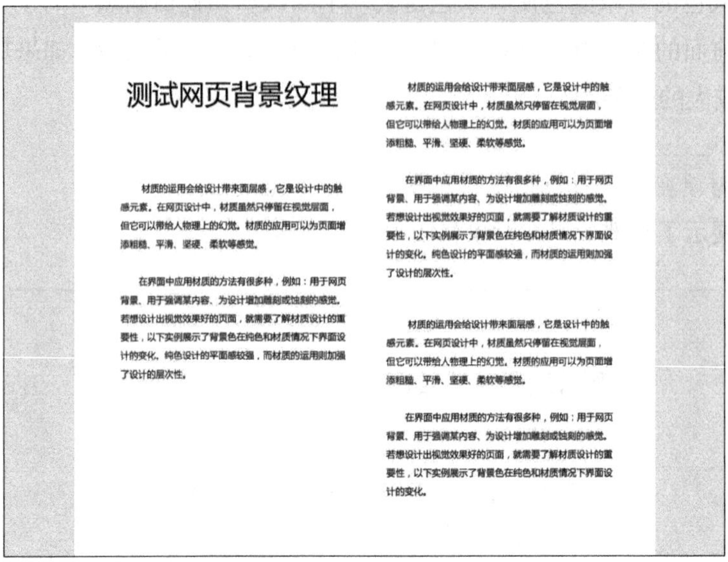

图5-83　使用中性色背景的页面

　　黄褐色是一种中性色，这种色块做背景色时比附加了材质更突出。纯色块在页面设计中是难以被忽视的。在自然中，我们很难看到大面积的纯色块，而是看到多种生动的图案和图形，因此大面积的纯色块会使我们停下来更仔细的关注它。如果给背景色块加上图案（见图5-84），就可以强调页面中的重要部分——页面内容。

图5-84　使用中性色材质背景的页面

8. 蓝色背景的页面（见图 5-85）

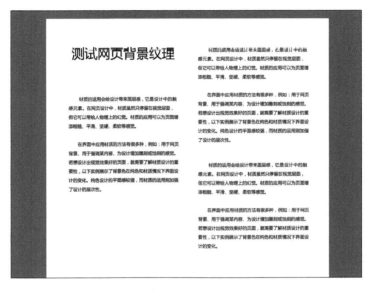

图 5-85　使用蓝色背景的页面

蓝色是常用的商务网站色彩，但蓝色作为背景会削弱页面的主要内容，因为它本身就有很强的存在感。通过赋予布材质效果，设计就变得好看多了，它的层次更为丰富，棉布质感也给人亲切感（见图 5-86）。为蓝色背景增加材质使页面看起来更加舒缓和放松，增加材质后并不意味着页面不能再作为商务网站，蓝色主色调可以确保它的这一特征。

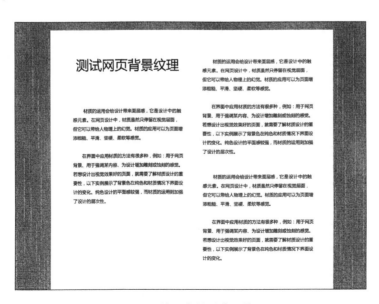

图 5-86　使用布材质背景的页面

9. 深色背景色的页面能够使页面内容极度突出（见图 5-87）

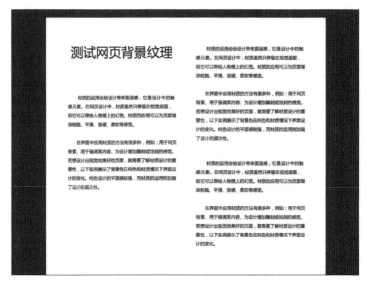

图 5-87　使用深棕色背景的页面

深棕色背景色块与黑色的标题和正文有些冲突，并使白色主题看起来更加生硬。如果像图 5-88 一样增加少量的材质则可以形成更有效的设计，页面的视觉形象变得更为细致，给用户带来高品质感的印象。初看这个页面设计时可能很难发现它是有材质的，但与前一实例（图 5-87）对比之后会发现两者之间有轻微的不同，细微的材质运用仍然能够丰富页面的效果并舒缓阅读习惯。

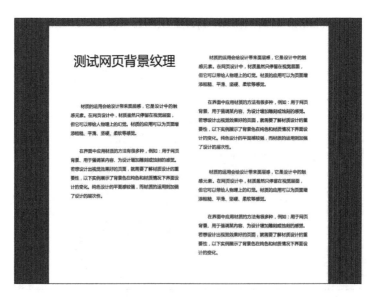

图 5-88　使用深棕色材质背景的页面

### 5.3.2 网页材质设计案例

**1.木材质（见图5-89）**

图5-89 使用木纹理背景页的页面

2. 纸材质（见图 5-90）

图 5-90  使用纸材质背景的页面

3. 几何纹样（见图 5-91 和图 5-92）

图 5-91  使用几何纹理背景的页面

图 5-92　使用几何图案纹理背景的页面

4. 布纹理（见图 5-93）

图 5-93　使用布纹理背景的页面

　　网页材质的运用并不局限于以上列举的内容，还有很多新的设计风格有待开发和创新。

# 参考文献

[1] 比尔·巴克斯顿 . 用户体验草图设计 [M]. 北京：电子工业出版社，2009.

[2] Patrick M. 网页设计创意书（卷 2）[M]. 北京：人民邮电出版社，2011.

[3] 胡杰 . 多媒体艺术设计 [M]. 北京：北京航空航天大学出版社，2009.

[4] Khoi V. 秩序之美——网页中的网格设计 [M]. 北京：人民邮电出版社，2011.

[5] 比尔德 . 完美网页设计艺术 [M]. 北京：人民邮电出版社，2008.

[6] 沃德科 . 锦绣蓝图 [M]. 北京：人民邮电出版社，2009.

[7] 李四达 . 交互设计概论 [M]. 北京：清华大学出版社，2009.

[8] 蔡顺兴 . 编排 [M]. 南京：东南大学出版社，2006.

[9] 金伯利·伊拉姆 . 网络系统与版式设计 [M]. 上海：上海人民美术出版社，2013.

[10] 于国瑞 . 色彩构成 [M]. 北京：清华大学出版社，2012.

[11] 珍妮·德·索斯马兹 . 色彩基础 [M]. 北京：上海人民美术出版社，2012.

[12] 范文东 . 色彩搭配原理与技巧 [M]. 北京：人民美术出版社，2006.

[13] 佐佐木刚士 . 版式设计原理 [M]. 北京：中国青年出版社，2007.

[14] Designing 编辑部 . 色彩设计 [M]. 北京：人民邮电出版社，2011.

[15] 加文·安布罗斯，保罗·哈里斯 . 版式设计 [M]. 北京：中国青年出版社，2011.